宇宙奥秘解码

太空迷雾的未解之谜

太空漫游聚焦

韩德复　编著

中国出版集团
现代出版社

前言 Preface

神舟九号圆满完成载人空间交会对接，嫦娥三号即将实现月球表面探测，萤火号启动我国火星探测计划……我们乘坐宇宙飞船遨游太空的时候就要到了！你准备好了吗？

21世纪的曙光刚刚揭开天幕，一场太空探索热潮在全球掀起。一个个云遮雾绕的宇宙未解之谜披着神秘的面纱，激起我们遥望宇宙这个布满星座黑洞的魔幻大迷宫，探求走向太空熠熠闪烁的道路。

太空将是我们人类世界争夺的最后一块“大陆”。走向太空，开发宇宙，是我们未来科学发展的主要方向，也是我们未来涉足远行的主要道路。因此，感知宇宙，了解太空，是我们走向太空的第一步。

宇宙展示包括地球及其他一切天体周围的无限空间，太空则展示地球大气层外层空间，直至宇宙的各个领域。发现天机，破解谜团，这是时代发展的需要，也是提升我们素质的良机。

我们在向太空发展的同时，也在不断挖掘地球的潜力，不断向大海、地底等处深入发展。我国载人深潜器“蛟龙”号再创载人深潜纪录，海底发现可满足人类千年能源需求的可燃冰，等等，这都说明我们探索地球的巨大收获。

从太空到地球，宇宙的奥秘是无穷的，人类的探索是无限的。我们只有不断拓展更加广阔的生存空间，破解更多的奥秘谜团，看清茫茫宇宙，才能使之造福于我们人类，促进现代文明。

为了激励广大读者认识和探索整个宇宙的科学奥秘，普及科学知识，我们根据中外最新研究成果，特别编辑了本书，主要包括宇宙、太空、星球、飞碟、外星人、地球、地理、海洋、名胜、史前文明等存在的奥秘现象、未解之谜和科学探索新发现诸多内容，具有很强的系统性、科学性、前沿性和新奇性。

本套系列丛书知识面广、内容精炼、图文并茂，装帧精美，非常适合广大读者阅读和收藏。广大读者在兴味盎然地领略宇宙奥秘现象的同时，能够加深思考，启迪智慧，开阔视野，增加知识，能够正确了解和认识宇宙，激发求知欲望和探索精神，激起热爱科学和追求科学的热情，掌握开启宇宙的金钥匙，使我们真正成为宇宙的主人，不断推进人类向前发展。

目录
Contents

神秘的太阳

闪闪的星星

太空的迷雾

科学的探索

太阳是宇宙中最重要的天体。太阳给人类带来了光明和温暖，带来了日夜和季节的轮回，为地球生命提供了各种形式的能源。可是，你知道太阳的真面目吗？你知道太阳黑子吗？神秘的太阳隐藏着太多的秘密，等待着我们去揭秘、去探索。

太阳的真面目

太阳有多远

在宇宙天体中，太阳是最引人注目的。人们虽然同太阳几乎天天见面，但是，由于它时刻都发射着刺眼的光芒，而我们却很难看清它的真面目。那么，今天就让我们一起来看一看太阳的真面目吧！

太阳距地球大约有1.5亿千米。可不要小看这个数字，它表明太阳离我们这个地球很遥远，如果我们乘坐每小时2000千米速度的超音速飞机奔向太阳，也得花8年半的时间才能到达。太阳

发出的光，以每秒30万千米的速度传播，到达地球也得8分20秒钟。也就是说，我们在地球上任何时候看到的太阳光，都是太阳在8分20秒钟以前发出来的。

太阳有多大

在茫茫宇宙中，太阳只是一颗非常普通的恒星，在广袤浩瀚的繁星世界里，太阳的亮度、大小和物质密度都处于中等水平。

太阳的大是难以用语言来形容的，相信只有数字才能真正体现出到底有多大。太阳的直径为150万千米，是地球直径的109倍。如果把地球设想为一个软泥球，那么就需要有130万个这样大小的泥球搓在一起，才能搓成与太阳一般大的球。

太阳的构成

或许，有人会问，这么巨大的球体，究竟是什么东西构成的呢？我们可以通过太阳清晨初升时，那一轮红日的样子，以及它散发出的巨大热量，联想到它像一个被烧得火红炽热的铁球。但是让人意想不到的是，太阳从表面到中心全都是由气体构成的。其中，最多的是氢和氦之类的轻质气体。当然，并不是说，其中就没有铁和铜之类的金属。

据科学预测，太阳表面的温度就有6000摄氏度，中心温度更高，可达1500万摄氏度左右。在这样惊人的高温之下，任何东西都会被化成气体。据光谱分析，太阳中除了大量的氢，还含有氦、氧、铁等70多种元素。太阳虽然完全是由气体组成的，可是气体在高温高压之下，越到内部被挤压得越紧密，在中心部分气体的密度竟比铁还大13倍。太阳的重量相当于地球的33.3万倍。

我们知道，太阳是由气体构成的，那么，它为什么不向四面八方的宇宙空间逸散呢？这是因为太阳的质量很大很大，而且它本身有着强大的引力，这样就会紧紧地拉住要逃散的气体。其实，太阳在这一点上和地球一样，地球自身有很大的引力，把其周围的大气圈紧紧拉住，而不会散失一样。

太阳的形状

太阳空间是什么样子呢？也许有人会答：是一个发光的圆球。其实，人们用肉眼看到的那个发光的圆球，并不是太阳的全貌，而只不过是太阳的一个圈层。

人们把太阳发出强光的球形部分叫做“光球”。通常人们所能看到的只是这个光球的表面。在光球的表面，常常会出现一些黑色的斑点，这是光球表面上翻腾着的热气卷起的漩涡，人们称它为“黑子”。

这些黑子的大小不一，小的直径也有数百至1000米，大的直径可达10万千米以上，里面可以装上几十个地球。黑子有的是单

个的，但一般情况都是成群结队出现的。

在这里，我们所说的黑子，其实它并不黑。黑子的温度高达4000摄氏度至5000摄氏度，也是很亮的。那么，为什么叫它黑子呢？这是因为光球表面的光比黑子更亮，所以在光球的衬托下，它才显得暗。在太阳光球表面上，我们还可以看到无数颗像米粒一样大小的亮点，人们称它们为“米粒组织”。

它们是光球深处的一个个气团，被加热后膨胀上升到表面形成的，它们很像沸腾着的稀粥表面不断冒出来的气泡。这些“米粒”的直径平均在1200千米左右，相当我国青海省那么大。

由此可见，光球的表面并不是很平静，如果说米粒组织是光球这一片火海上汹涌的波涛，那么黑子就是太阳上巨大的风暴。

太阳的光环

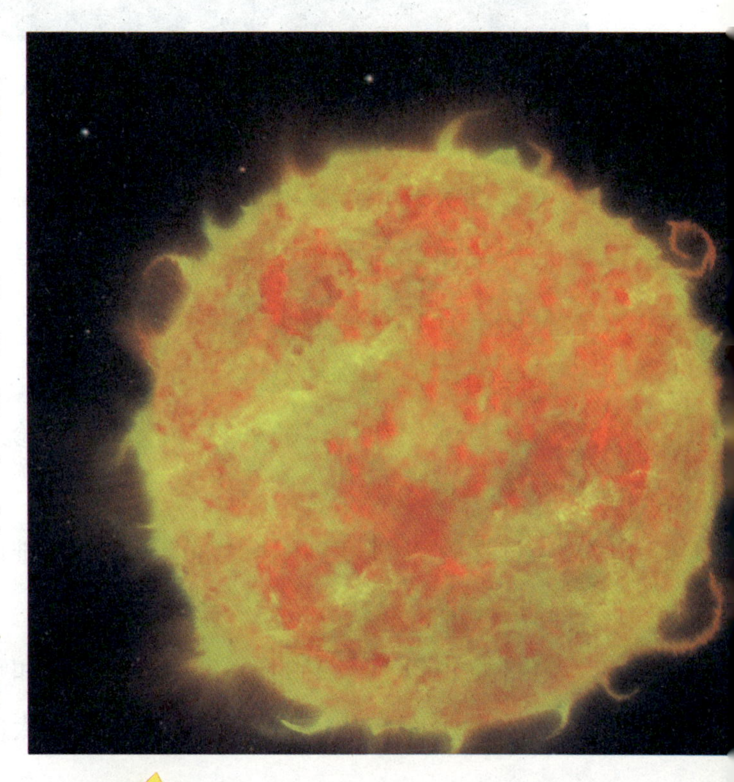

太阳光球外面的部分是我们用肉眼看不见的。只有当日全食时，光球被月亮遮住了，变成了一个黑色的太阳，我们才能看到紧贴光球的外面，包着一层玫瑰色的色环，厚度大约有1万千米。

人们把包在光球外面的这个圈层叫做太阳

的“色球层”。色球层相当于太阳的大气部分。

如果再仔细观察，就会发现像火海一般的色球层表面，往往会突然向外喷出高达几万千米的红色火焰，其火焰的形状有时像一股股喷泉；有时则呈圆环状；还有的呈圆弧形；也有的像浮云一样漂浮在色球层的上空。我们把这种现象叫做“日珥”，其实它就是温度很高的气团。

在色球层和日珥的外围，还有一层珍珠色的美丽光芒，我们称它为“日冕”。

日冕逐渐过度到星际空间，外边界难以确定，它可向空间延伸百万千米。

日冕也没有一定的形状，它的高度和形状都随着光球上黑子出现的多少而变化。日冕也发光，但比太阳本身要暗淡得多，所

以通常看不见它，只有在日全食时，才能看到。日冕也叫做太阳白光，是一种稀薄的气体，扩散在太阳周围。这种气体也和光球一样，绝大部分是氢气，掺杂着一些氦气。同样，日冕的温度也很高，大约有100万摄氏度。

太阳的运动

太阳是太阳系的中心，但它并不像哥白尼说的那样是静止不动的。太阳除了围绕银河系的中心公转，还不停地自转。

但是，由于太阳是个气态球，它的自转不像固态的地球那样整体旋转。人们通过观测太阳黑子的移动，知道太阳赤道附近转得快，越接近两极转得越慢。

可见，太阳表面各处自转的周期是不一样的。在赤道上，太阳自转一周需25天，在纬度45度处则需要28天，在纬度80度处需要34天。我们知道，太阳表面的温度很高，人类的任何探测器都无法靠近它。我们现在所了解的，只是通过光谱分析所得。所以说，对于今天的我们来说，还没有完全揭开太阳的真面目。

我还想知道

太阳是距离地球最近的恒星，是太阳系的中心天体。太阳系质量的99.87%都集中在太阳。太阳系中的八大行星、小行星、流星、彗星、外海王星天体以及星际尘埃等，都围绕着太阳运行。

变幻莫测的太阳

惊现蓝色太阳

1965年的春天，北京上空出现了一次特大的沙尘暴，倾刻间天昏地暗，黄沙滚滚，粉末似的黄土簌簌地从空中洒落下来。顿时，人们发现一个奇怪的现象，太阳忽然失去了耀眼的光芒，变成了蓝莹莹的，沙尘暴过后才慢慢恢复原状。

1883年，印尼喀拉喀托火山爆发，火山灰飘到地球大气层高处，当夜人们看到的月亮也是蓝色的。

绿太阳奇观

如果运气好，还可以观赏到绿太阳。七彩光轮相互重叠产生白光，在太阳的上、下边缘，光轮的颜色不混合，在太阳的上缘呈蓝色和蓝绿色。这两种光穿过大气层时命运不同。

蓝光受到强烈散射，几乎看不见，而绿光就可以自由地透过大气。正因为如此，才可以看到绿色的太阳。

太阳变蓝的原因

太阳光大多是氢氦原子的电离光波，接近蓝色频区。是因为它太亮，直接看起来是白色的。在穿过大气层的时候，被空气吸收产生频率红移。在早晚看太阳是红色的就是这个原因。在沙尘暴天气，空气中沙尘粒子对红色光波吸收能力较强，所以太阳看起来是微弱的蓝色。

从天文科学观点分析，月亮颜色与其反射太阳光的原理有

关。在通常情况下，月亮发出珍珠白的颜色，有时可见淡黄色。月亮只有在一定情况下呈现出蓝色。据物理学家介绍，如果大气层中悬浮有大量的灰尘颗粒，并且大气中还得夹杂着小水珠的情况，月亮看上去才会是蓝色的。

观看绿太阳的条件

看见绿太阳，需要天时、地利、人和。

天时：就是指日落时，太阳黄白色光没多大变化，并且在落山时鲜艳明亮，就是说大气对光吸收不大，而且是按比例进行的。

地利：是指观测点适当，站在小山丘上，远处地平线必须是清晰的，如近处没有山林、没有建筑物遮挡，如大草原上。

人和：在太阳未下到地平线时，不能正视太阳。当太阳快要沉没时，只留下一条光带，就应目不转睛地注视太阳，享受美妙的一瞬间，也就是观看绿色闪光。但是，它的出现不会超过 3 秒钟，留下的印象却永生难忘。

我国古代人的观察

在我国，传说在公元前27世纪帝尧时，已经有了专司天文的官员羲和负责观象授时，由于有一次预报日食出了差错，而被帝尧处以死刑。帝尧还派羲仲到山东半岛去祭祀日出，目的是为祈祷农耕顺利。当时已经用太阳纪年了，一年为365天。

公元前600年前后的春秋时代，人们能够用土圭观测日影长短的变化，以确定冬至和夏至的日期。我国的甲骨文上还有世界最早

的日食记录，即发生在公元前1200年左右。大约从魏晋时期开始，就能比较准确的预报日食了，并且逐渐形成了一套独特的方法和理论，这也是我国天文学史上的一项重要成就。

太阳对于地球上的人们，乃至地球上的一切，无疑是非常重要的。把太阳作为远离地球的天体来研究已经有了日新月异的发展，从而使我们对拥有的太阳知识也日益丰富和准确起来。

发现四方形太阳

我们所看到的太阳总是圆的，但是，有人确实看到过方形的太阳。

1939年的夏天，学者查贝尔来到高纬度地带观察夕阳的变化。他希望能够看到一种奇异的景象，然而，3个月过去了，什么也没看到。

9月13日傍晚，查贝尔照常观测着。就在太阳快要落下去的时候，奇景出现了：又大又圆的太阳变成了椭圆形，不久，太阳的下侧像用刀切过一样，变成了一条和地面平行的直线。

接着，上面一侧的圆弧也渐渐变得平直，最后也成了一条直线，太阳变成了一个四方形的太阳。查贝尔兴奋极了，迅速按动照相机快门，拍下这一珍贵的画面。

查贝尔的发现引起了许多人的关注，他们争先恐后地赶到这一地区来观看奇景。

但是，看到这一奇景的机会并不会太多，拍摄下照片的就更少了。日本学者在北极地区有幸目睹了这一奇观，并拍摄下了太阳由圆变方的一系列变化。

再次惊现方太阳

2003年10月18日17时，湖南省长沙一中初三学生邓棵无意间看到一个奇特的天象：

天上的太阳竟然是方的。邓棵家住开福区松桂园附近。当时，他做完作业到外面休息，抬头看了看夕阳，突然发现有点不对头，太阳好像有点偏方形的感觉。

于是，邓棵拿起随身携带的数码相机，对准太阳进行了变焦拉近，结果发现太阳下部被削平一般，类似方形。他跟踪了约3分钟，找准时机拍摄下来了一个最接近方形的太阳。

邓棵回去查找有关资料，得知这种罕见的奇观最早在1933年被美国的查贝尔拍到过，1978年日本人掘江谦也曾拍下来。后来，我国也有人看见过方形的太阳，但没拍摄下来。

方太阳形成原因

我们所看到的太阳总是圆的，

但有人确实见到过方形的太阳。1933年9月13日日落时，学者查贝尔在美国西海岸还拍下了有棱有角的方太阳照片。当时太阳并没有被云彩遮住，为什么会变成方形的呢?

因为方形太阳是变幻莫测的大气造成的。在地球的南北两极，靠近地面和海面的空气层温度很低，而上层空气的温度高，从而使得下层空气密集，上层的空气比较稀薄。

大气层有厚度，光透过大气层产生折射，日出和日落时太阳接近地平线表面，位置比平常低，是由于角度的关系，而地平线上时常有遮挡物，比如树、房屋、建筑，在海平面上没有，就看得清楚了。

日落期间，当光线通过密度不同的两个空气层时，由于光的折射，它不再走直线，而是弯向地面一侧。太阳上部和下部的光线都被折射得十分厉害，几乎成了平行于地平线的直线，人们看到太阳被压扁，便成了奇妙的方太阳。

目前，方太阳的成因尚无定论。有的专家认为是空气折射造成的，一般发生在夏秋季节的落日时；也有人认为这是一种海市蜃楼的虚幻景象。究竟是哪种说法正确，有待科学家进一步研究。

我还想知道

羲和：被称为我国的太阳女神，东夷人祖先帝俊的妻子，生了10个太阳。羲和又是太阳的赶车夫。因为有着这样不同寻常的本领，所以在上古时代，羲和又成了制订时历的人。

太阳极光和太阳极羽

地球上的极光

1958年2月10日夜间的一次特大极光，在热带地区都能见到，而且显示出鲜艳的红色。这类极光往往与特大的太阳耀斑爆发和强烈的地磁暴有关。2000年4月6日晚，在欧洲和美洲大陆的北部，出现了极光景象。在地球北半球一般看不到极光的地区，甚至在美国南部的佛罗里达州和德国的中部及南部广大地区也出现了极光。当夜，红、蓝、绿相间的光线布满夜空中，场面极为壮观。

2003年10月30日，美国匹兹堡市出现了极光。虽然是在污染严重的市内，但仍能看到红色的光芒。11月20日傍晚，极光出现在匹兹堡南方地平线，一小时后消退，半夜时又出现在北方低空。2004年11月7日晚，较强极光出现在美国匹兹堡，肉眼能看出绿色、红色。

极光的形态和颜色

极光没有固定的形态，颜色也不尽相同，颜色以

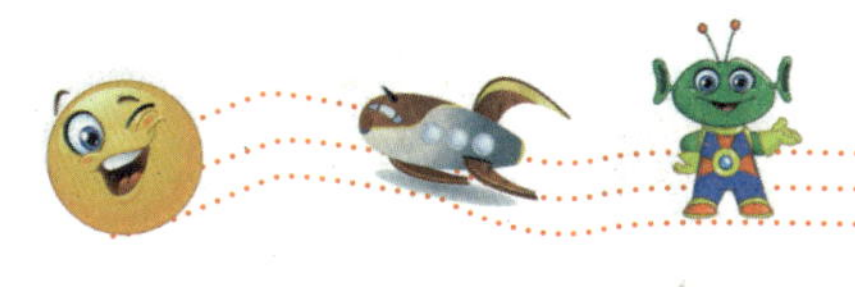

绿、白、黄、蓝居多，偶尔也会呈现艳丽的紫色，曼妙多姿又神秘难测。

极光有时出现时间极短，犹如节日的焰火在空中闪现一下就消失得无影无踪；有时却可以在苍穹之中辉映几个小时；有时像一条彩带，有时像一张五光十色的巨大银幕；有的仅呈银白色，犹如棉絮、白云，凝固不变。有的结构单一，形状如一弯弧光，呈现淡绿、微红的色调；有时极光出现在地平线上，犹如晨光曙色；有时极光如山茶吐艳，一片火红；有时极光密聚一起，犹如窗帘幔帐；有时它又射出许多光束，宛如孔雀开屏，蝶翼飞舞。

虽然目前科学家已了解极光，但极光仍留下许多难解的问题值得人们继续探索。

极光形成的看法

长期以来，极光的成因机理未能得到满意的解释。在相当长一段时间内，人们一直认为极光可能是由以下三种原因形成的。

一种看法认为极光是地球外面燃起的大火，因为北极区临近地球的边缘，所以能看到这种大火。

另一种看法认为极光是红日西沉后，透射反照出来

的辉光。

还有一种看法认为极地冰雪丰富，它们在白天吸收阳光，贮存起来，到夜晚释放出来，便成了极光。

直至20世纪60年代，将地面观测结果与卫星和火箭探测到的资料结合起来研究，才逐步形成了极光的物理性描述。

极光的传说

极光这一术语来源于拉丁文伊欧斯一词。传说伊欧斯是希腊神话中“黎明”化身，是希腊神泰坦女儿，是太阳神和月亮女神的妹妹，她是北风等多种风和黄昏星等多颗星的母亲。

极光还曾被说成是猎户星座的妻子。在艺术作品中，伊欧斯被说成是一个年轻的女人，她不是手挽个年轻的小伙子快步如飞地赶路，便是乘着飞马驾挽的四轮车，从海中腾空而起；有时她还被描绘成这样一个女神，手持大水罐，伸展双翅，向世上施舍朝露，如同我国

佛教故事中的观音菩萨，普洒甘露到人间。因纽特人认为极光是鬼神引导死者灵魂上天堂的火炬，原住民则视极光为神灵现身，深信快速移动的极光会发出神灵在空中踏步的声音，将取走人的灵魂，留下厄运。

极光产生的原理

太阳极光是原子与分子在地球大气层最上层，距离地面100千米～200千米处的高空运作激发的光学现象。由于太阳的激烈活动，放射出无数的带电微粒，当带电微粒流射向地球进入地球磁场的作用范围时，受地球磁场的影响，便沿着地球磁力线高速进入到南北磁极附近的高层大气中，与氧原子、氮分子等质点碰撞，因而产生了“电磁风暴”和“可见光”的现象，就成了众所瞩目的极光。

现代理论认为，极光是地球周围的一种大规模放电的过程。来自太阳的带电粒子到达地球附近，地球磁场迫使其中一部分沿着磁场线集中到南北两极。当他们进入极地的高层大气时，与大气中的原子和分子碰撞并激发，产生光芒，形成极光。关于极光的产生，众说纷纭，无一定论，有待科学家的深入研究。

太阳的羽毛

1997年3月9日发生在我国北方漠河的日全食，让每一位亲临现场的观众都大开眼界，就在那一瞬间，明亮的天空被一道黑幕合上，太阳被月影完全遮掩。此时，人们惊异地看到了“黑太阳”周围一团白色的光圈，而且，在太阳的上下两极地区，这层光圈内竟排列着一道道散放状羽毛样的东西。那么，太阳怎么会

生出羽毛呢？

日冕的特征

在日全食发生时，平时看不到的太阳大气层就暴露出来了，它就是日冕。日冕可从太阳色球边缘向外延伸到几个太阳半径处，甚至更远。人们曾形容它像神像上的光圈，它比太阳本身更白，外面的部分带有天穹的蓝色。

日冕主要由高速自由电子、质子及高度电离的离子，即等离子体组成。其物质密度小于2×10^{-12}千克/立方米，温度高达$1.5\times10^{6}\sim2.5\times10^{6}$K。

由于日冕的高温低密度，使它的辐射很弱并且处于非局部热动平衡状态，除了可见光辐射外，还有射电辐射、X射线、紫外、远紫外辐射和高度电离的离子的发射线，即日冕禁线。日冕的形状同太阳活动有关。在太阳活动极大年日冕接近圆形，在太阳活动极小年呈椭圆形，而在太阳宁静年呈扁形，赤道区较为延伸。日冕直径大致等于太阳视圆面直径的1.5倍至3倍以上。

日冕与极羽

日冕的形状是有变化的。人们通过观察发现，自19世纪末以来，日冕的形态随太阳黑子活动的周期约11.2年，在两个极端的类型之间变化。在太阳活动极盛时期，日冕的形状是明亮的，有规则的，近于圆形，精细结构，比如极羽并不显著。可是在太阳活动的极衰时期，就其整体来说，日冕没有那样明亮。但在日面赤道附近，日冕的光芒底层却在扩大，上面分成丝缕，呈刀剑状伸向几倍太阳直径那样远的地方。

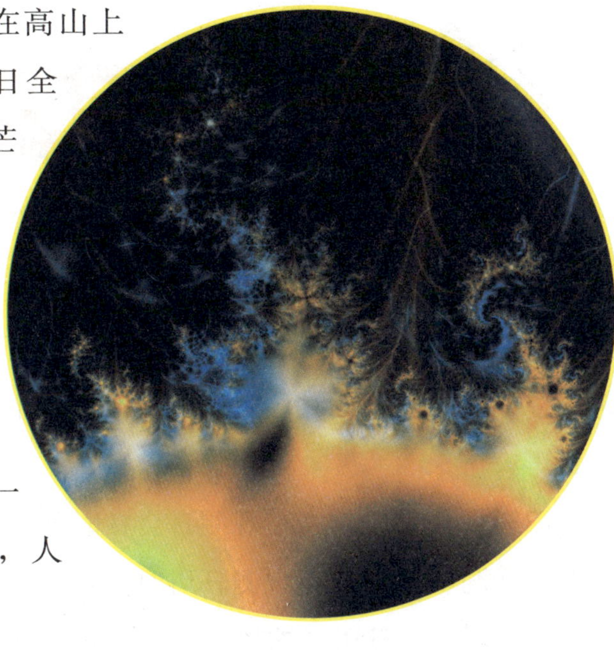

有人于1848年在高山上观测一次极衰期的日全食，看见这些光芒伸长到离地面1500万千米以外的地方。除了上述特征之外，极衰期的日冕往往在两极表现出一种像刷子上的一簇簇羽毛样的结构，人们叫它极羽。

极羽形成的原因

极羽现在已被科学家们归纳为日冕中比背景更亮的两种延伸结构之一，出现在日面的两极区域。它的性质人们还未完全弄清，一般认为，聚集在太阳极区的日冕等离子气体，由起着侧壁作用的磁场维持其流体静力学平衡，并因此形成极羽。

极羽的形状酷似磁石两极附近的铁屑组成的图案，这种沿着磁力线的分布说明太阳有极性磁场，并可据此画出太阳的偶极磁场来。

我还想知道

日冕可人为地分为内冕、中冕和外冕3层。内冕从色球顶部延伸至1.3倍太阳半径处；中冕从1.3倍太阳半径至2.3倍太阳半径，也有人把2.3倍太阳半径以内统称内冕，大于2.3倍太阳半径处称为外冕。

活跃的太阳日珥

人类早期的观测

太阳与人类关系最密切，它本身有着数不清的谜，日珥之谜就是其中的一个。在发生日全食时，人们可以清楚地看到，在色球层中不时有巨大的气柱腾空而起，像一个个鲜红的火舌，这就是日珥。

1239年，天文学家在观测日全食时就观测到了日珥，并称其为“燃烧洞”；1733年观测日珥时，将其称作“红火焰”；1824年观测日珥时，日珥又被想象成太阳上的山脉。

1842年7月8日，日全食的观测留下了最早的、明确的日珥观测记录。1860年7月18日，日全食时拍摄了日珥的照片。1868年8月18日，日全食时拍到日珥的光谱，确定日珥的主要成分是氢。

人们对日珥的认识

1868年，法国的让桑和英国的劳基尔分别引进了光谱技术，人们对日珥的外形才有了明确的认识。

日珥是在太阳的色球层上产生的一种非常强烈的太阳活动，是太阳活动的标志之一。日珥一般长达20万千米，厚约5000千米，其腾空高度可达几万至几十万千米，甚至百万千米以上。

日珥可分为三类：宁静日珥、活动日珥和爆发日珥。宁静日珥喷发速度达每秒1万多米，能存在几个月之久；而爆发日珥的喷射速度每秒钟可达几百千米，但存在时间极短。

由于日珥腾空高度有时达数百万千米，实际上它已进入日冕层。日冕层的温度极高，甚至可达100万摄氏度以上，日珥的温度也很高，在1万摄氏度左右。它们不仅温度差别悬殊，密度差别也很大，日珥的密度是日冕的几千倍，令人奇怪的是当日珥冲入日冕层时，既不坠落，也不消融，而是能和平相处在一起。

日珥的剧烈运动

日珥的运动很复杂，具有许多特征。例如，在日珥不断地向上抛射或落下时，若干个节点的运动轨迹往往是一致的；当日珥离开太阳运动时，速度会不断增加，而这种加速是突发式的，在两次加速之间速度保持不变；在日珥节点突然加速时，亮度也会增加。对于这些现象还没有满意的解释。

活动日珥和爆发日珥的速度可高达每秒几百千米，动力从何而来？日珥运动往往突然加速，甚至宁静日珥会一下子转变为活

动日珥，原因是什么？这些问题都有待于进一步研究。一般认为，除重力和气体压力外，电磁力在日珥运动中是一个重要因素。日珥运动状态的突变可能与磁场的变化有关。

日珥的分布

日珥在太阳南、北两半球不同纬度处都可能出现，但在每一半球都主要集中于两个纬度区域，而以低纬度区为主。低纬区的日珥的分布按11年太阳活动周不断漂移。

在活动周开始时，日珥发生在30度至40度范围内，然后逐渐移向赤道，在活动周结束时所处的纬度平均约为17度。高纬度区的日珥并不漂移，都在45度至50度范围内。日珥的数目和面积都与11年的太阳活动周期有关，随黑子相对数而变化。但变化幅度没有黑子相对数那样大。

日珥的上升高度约几万千米，大的日珥可高于日面几十万千

米，一般长约20万千米，个别的可达150万千米。

日珥的亮度要比太阳光球层暗弱得多，所以平时不能用肉眼观测到它，只有在日全食时才能直接看到。

日珥是非常奇特的太阳活动现象，其温度在4726摄氏度～7726摄氏度之间，大多数日珥物质升到一定高度后，慢慢地降落到日面上，但也有一些日珥物质漂浮在温度高达199万摄氏度的日冕低层，即不浮落，也不瓦解，就像炉火熊熊的炼钢炉内居然有一块不化的冰一样奇怪。而且，日珥物质的密度比日冕高出1000倍～10000倍，两者居然能共存几个月，实在令人费解。

科学家的解释

有科学家解释，太阳磁场具有隔热作用，它包裹住日珥，使两者无法进行热量交换。但是，人们发现，有些日珥并非是从大气层的低层喷射上去的，而是在日冕高温层中“凝结”出来的，而有些日珥还在顷刻间就烧完乃至全无踪影，这种凝结现象和突变现象让人无法解释。

此外，空无一物的日冕怎么会突然出现日珥呢？据计算，全部日冕的物质也不够凝结成几个大日珥，它们很可能是取自色球的物质。但这些猜测尚未得到证实，关于日珥的一切还是个谜。

我还想知道

日全食时太阳完全被月球遮住，黑夜突然来临。在“黑太阳”周围，镶着一个红色光环，这是太阳的色球层。天文学家形容太阳色球层像是“燃烧着的草原”，上面许多细小的火舌就叫作“日珥”。

奇特的太阳黑子

什么是太阳黑子

太阳黑子是在太阳的光球层上发生的一种太阳活动，是太阳活动中最基本、最明显的活动现象。在太阳的光球层上，有一些旋涡状的气流，像是一个浅盘，中间下凹，看起来是黑色的，这些旋涡状气流就是太阳黑子。黑子本身并不黑，之所以看似黑是因为比起光球来，它的温度要低一两千度，在更加明亮的光球衬托下，它就成为看起来像是没有什么亮光的、暗黑的黑子了。

太阳黑子由暗黑的本影和在其周围的半影组成，形状变化很大，最小的黑子直径只有几百千米，没有半影，而最大的黑子直径比地球的直径还大几倍。

黑子的重要特性是它们的磁场强度，黑子越大，磁场强度越高，大黑子的磁场强度可达4000高斯。

观测太阳黑子

早在我国古代，当时的人们就已发现了黑子的存在。1610年，伽利略发现了太阳黑子现象。从此，人类开始了对太阳黑子活动的探索。

1926年，德国的天文爱好者施瓦贝用一架小型天文望远镜观测太阳，并仔细计算每天在日面上出现的黑子数目，并绘出太阳黑子图，他发现每经过约11年，太阳活动就很激烈，黑子数目增加很多。有时可以看到四五群黑子，这时称作“黑子极大”；接着衰弱，到极衰弱，到后来太阳几乎没有一个黑子。因此，每经过11年，就称作一个“太阳黑子周”。

太阳黑子的周期

为了更准确地研究太阳黑子活动的规律，国际天文学界为黑子变化周期进行了排序，从1755年开始的那个11年称作第一个黑子周，1998年进入第二十三个黑子周。

1861年，德国天文学家施珀雷尔发现，在每一黑子周，黑子出现是遵从一定规律的：每个周期开始，黑子与赤道有段距离，然后向低纬度区发展，每个周期终了时，新的黑子又出现在高纬区，新的周期也就开始了。

20世纪初，美国天文学家海耳研究黑子的磁性，发现磁性由强至弱直至消失的周期恰好是黑子周期的两倍，即22年。人们将这个周期称作磁周期或海耳周期。

科学家的争议

有人对太阳黑子活动周期持续的时间提出异议。19世纪80年代，德国天文学家斯波勒发现1645年至1715年间，人们很少看到太阳黑子活动。紧接着，英国天文学家蒙德尔指出，这70年太阳活动一直处于极低水平，太阳黑子平均数比通常11年周期中黑子极少的年份还要少，有时连续多年竟连一个黑子也没有，被称为“蒙德尔极小期”。

关于太阳黑子活动周期问题，争论一直在继续，新观点不断涌现，有人提出22年的变化周期，有人提出80年的变化周期，甚至有人提出了800年的周期。总的说来，太阳黑子活动是有一定规律的，但又是复杂多变的，就目前的科学研究水平来看还很难统一。

太阳黑子对地球的影响

太阳是地球上光和热的源泉，它的一举一动，都会对地球产生各种各样的影响。黑子既然是太阳上物质的一种激烈活动现象，所以对地球的影响很明显。当太阳上有大群

黑子出现时，会出现磁暴现象使指南针会乱抖动，不能正确地指示方向；平时很善于识别方向的信鸽会迷路；无线电通讯也会受到阻碍，甚至会突然中断一段时间，这些反常现象将会对飞机、轮船和人造卫星的安全航行，还有电视传真等方面造成很大的威胁。太阳黑子的爆炸还会引起地球上气候的变化。100多年以前，一位瑞士天文学家发现，黑子多的时候地球上气候干燥，农业丰收；黑子少的时候气候潮湿，暴雨成灾。

我国著名科学家竺可桢也研究提出：凡是我国古代书上对黑子记载得多的世纪，也是我国范围内特别寒冷的天气出现得多的世纪。还有人统计了一些地区降雨量的变化情况，发现这种变化也是每过11年重复一遍，很可能也跟黑子数目的增减有关系。地震科学工作者发现，太阳黑子数目增多的时候，地球上的地震也多。地震次数的多少，也有大约11年左右的周期性。

植物学家也发现，树木生长情况也随太阳活动的11年周期而变化。黑子多的年份树木生长得快；黑子少的年份就生长得慢。更有趣的是黑子数目的变化甚至还会影响到我们的身体，人体血液中白细胞数目的变化也有11年的周期性。而且一般的人在太阳黑子少的年份，会感到肚子饿得比较快。

我还想知道

我国有世界上最早的观测太阳黑子记录。公元前140年前的《淮南子》中有“日中有踆乌”的记述。现今世界公认的最早的是载于《汉书·五行志》中公元前二十八年三月出现的太阳黑子。

太阳确实有伴星吗

太阳的伙伴是谁

有的恒星看上去是一颗星，但用望远镜观察，它却是两颗互相吸引，互相绕转的星，就像两个在一起的伙伴一样。

太阳这颗恒星有没有伙伴呢？假如太阳真有一个伙伴，即伴星，那么人类就可以解释过去出现的一些现象，然后再想方设法防止今后可能出现的大灾难。

物理学家的研究

1979年，美国哥伦比亚大学的地质学家沃尔特送给他父亲阿尔瓦雷斯一块6500万年前的石头，它与恐龙灭绝的年代相同。阿尔瓦雷斯对这块古老的石头分析后发现，其中含有丰富的铱。铱是天外的来客，地球上并不存在这种元素，因此，阿尔瓦雷斯提出了小行星撞击地球的理论。阿尔瓦雷斯经过计算推断，6500万年前，有一颗直径为1万米的小行星和地球发生撞击，扬

起的尘埃弥漫着太空。在此后的3年至5年间，地球陷入了一片黑暗，植物停止了光合作用，造成植物和动物群的大片死亡，严重破坏了生态平衡，从而使恐龙走向了灭绝。

阿尔瓦雷斯的这一理论提出不久，芝加哥大学的古生物学家戴维·芬普和约翰·塞普科斯基研究了古生物灭绝的年代，发现古生物灭绝是有周期性的，平均每2600万年发生一次。在过去的一亿年中，即9100万年前，6500万年前，3800万年前，1200万年前，都发生过大突变和大灭绝，每次突变有75%的生物绝灭。

提出伴星假说

在这个基础上，阿尔瓦雷斯的学生马勒提出了伴星假说，即太阳有一位伙伴。这位伙伴的轨道周期，恰好是2600万年。伴星质量很大，当它一接近太阳系外星的彗星群时，就扰乱了彗星群的正常运行，产生彗星雨。有些彗星撞击了地球，造成地球上的灾难和生物大灭绝。

马勒的学说提出后，科学家们经过进一步研究认为：如果太阳有伴星，那么这颗伴星便是一颗密度很大的白矮星。它没有热，没有光，体积很小，质量却大得惊人，它悄无声息地在太空中绕太阳运行，因而人类很难发现它的踪迹。

伴星：通常指双星或聚星中较难观测到的子星。天狼星的伴星β星，是人类最早发现的白矮星。它体积很小，和地球差不多。

太阳为什么会自转

太阳自转的发现

太阳像其他天体一样，也在不停地绕轴自转，这在400年前是无人知道的。最早发现太阳自转的人是意大利科学家伽利略，他在观测和记录黑子时，发现黑子的位置有变化，终于得出太阳自转的结论。15世纪时，人们普遍认为，地球由于自转引起了按一定周期变化的昼与夜的交替，并且太阳系内许多其他行星也都存在着自转现象。

1853年，英国天文爱好者、年仅27岁的卡林顿开始对太阳黑子作系统的观测。他想知道黑子在太阳面上是怎样移动的，以及长期以来都说太阳有自转但这自转，周期究竟有多长？几年的观测使他发现，由于黑子在日面上的纬度不同，得出来的太阳自转周期也不尽相同。换句话说，太阳并不像固体那样自转，自转周期并不到处都一样，而是随着日面纬度的不同，自转周期有变化。这就是所谓的“较差自转”。

太阳的自转周期

太阳自转方向与地球自转方向相同。太阳赤道部分的自转速度最快，自转周期最短，约25日，纬度40度处约27日，纬度75度处约33日。日面纬度17度处的太阳自转周期是25.38日。称作太阳自转的恒星周期，一般就以它作为太阳自转的平均周期。以上提到的周期长短，都是就太阳自身来说的。

可是我们是在自转着和公转着的地球上观测黑子，相对于地球来说，所看到的太阳自转周期就不是25.38日，而是27.275日。这就是太阳自转的会合周期。

如果连续许多天观测同一群太阳黑子，就会很容易发现它每天都在太阳面上移动一点，位置一天比一天更偏西，转到了西面边缘之后就隐没不见了。如果这群黑子的寿命相当长，那么，经过10多天之后，它就会“按期”从日面东边缘出现。

除了用黑子位置变化来确定太阳自转周期之外，用光谱方法也可以。太阳自转时，它的东边缘老是朝着我们来，距离在不断减小，光波波长稍有减小，反映在它光谱里的是光谱谱线都向紫的方向移动，即所谓的“紫移”；西边缘在离我们而去，这部分太阳光谱线“红移”。

黑子很少出现在太阳赤道附近和日面纬度40度以上的地方，更不要说更高的纬度了，光谱法就成为科学家测定太阳自转的良好助手。光谱法得出的

太阳自转周期是：赤道部分约26日，极区约37日。这比从黑子位置移动得出来的太自转周期要长一些，长约5%。

太阳周期有变

早在20世纪初，就有人发现太阳自转速度是有变化的，而且常有变化。1901年至1902年观测到的太阳自转周期，与1903年得出的不完全一样。不久，有人更进一步发现，即使是在短短的几天之内，太阳自转速度的变化可以达到每秒0.15千米，这几乎是太阳自转平均速度的1/4000，那是相当惊人的。

1970年，两位科学家在大量观测实践的基础上，得出了一个几乎有点使人不知所措的结论。通过精确的观测，他们发现太阳自转速度每天都在变化，这种变化既不是越转越快，周期越来越短，也不是越转越慢，周期越来越长，而似乎是在一个可能达到的极大速度与另一个可能达到的极小速度之间，来回变动着。

太阳自转速度为什么随时间而变化？有什么规律？这意味着什么？现在都还说不清楚，只能说是些有待研究和解决的谜。空间技术的发展使得科学家们有可能着手观测和研究太阳外层大气的自转情况，主要是色球和日冕的自转情况。在日冕低纬度地

区，色球和日冕的自转速度，和我们肉眼看到的太阳表面层——光球来是基本一致。在高纬度地区，色球和日冕的自转速度明显加快，大于在它们下面的光球的自转速度。

换句话说，太阳自转速度从赤道部分的快，变到两极区域的慢，这种情况在光球和大气低层比较明显，而在中层和上层变化不大，不那么明显。

太阳周期为何有变

一些人认为：太阳自转速度随深度而变化，我们在太阳表面上测得的速度，很可能还继续向内部延伸一段距离，譬如说大致相当于太阳半径的1／3，即约21万千米。只是到了比这更深的地方，太阳自转速度才显著加快。

包括地球在内，许多天体并非正圆球体，而是扁椭球体，其赤道直径比两极方向的直径长些。用来表示天体扁平程度的“扁率”，与该天体的自转有关。地球的赤道直径约12756.3千米，极直径约12713.5千米，两者相差42.8千米，扁率为0.0034，即约1／300。九大行星中自转得最快的两颗行星是木星和土星，它们的扁率分别是0.0637和0.102，用望远镜进行观测时，一眼就可以看出它们都显得那么扁。

美国科学家迪克的理论

太阳是个自转着的气体球，它应该有一定的扁率，20世纪60年代，美国科学家迪克正是从这样的角度提出了问题。根据迪克的理论，如果太阳内部自转速度相当快，其扁率有可能达到4.5/100000。太阳直径约139.2万千米，如此扁率意味着太阳的赤道直径应该比极

直径大60多千米，对于太阳来说，这实在是微乎其微。可是，要想测出直径上的这种差异，异乎寻常地困难，高灵敏度的测量仪器也未必能达到所需要的精度。

为此，迪克等人做了超乎寻常的努力，进行了无与伦比的超精密测量，经过几年的努力，他得出的太阳扁率为4.51±0.34/100000，即在4.85/100000到4.17/100000之间，刚好是他所期望的数值。

1967年，迪克等人宣布自己的测量结果时，所引起的轰动是可想而知的。一些人赞叹迪克等人理论的正确和观测的精密，似乎更多的人持怀疑态度，他们有根有据地对迪克等人的观测精度表示相反意见，认为这是不可能的。

一些有经验的科学家重新作了论证太阳扁率的实验，配备了口径更大、更精密的仪器，采用了更严密的方法，选择了更有利

的观测环境，所得到的结果是太阳扁率小于1／100000，只及迪克所要求的1／5左右。结论是：太阳内部并不像迪克等人所想象的那样快速自转。

退一步说，即使太阳赤道部分略为隆起而存在一定扁率的话，扁率的大小也是现在的仪器设备所无法探测到的。

企图在近期内从发现太阳的扁率，来论证太阳内核的快速自转，可能性不是很大。它将作为一个课题，长时间地反映在科学家们的工作中。不管最后结论太阳是否真是扁球状的，或者太阳确实无扁率可言，都将为科学家们建立太阳模型，特别是内部结构模型，提供非常重要的信息和依据。

我还想知道

太阳磁场是指分布于太阳和行星际空间的磁场。太阳磁场分大、小尺度结构。前者主要指太阳普遍磁场和整体磁场，它们是单极性的，后者则主要集中在太阳活动区附近，并且绝大多数是双极磁场。

太阳为什么会收缩

通过望远镜获取的太阳资料

自从1610年伽利略把望远镜指向天体之后，便结束了人类肉眼观天的时代。380多年来，天文学家们获得了有关太阳的许多资料。

根据德国天文学家威特曼的测量，太阳的直径为139.2万千米，这是目前最精确的太阳直径测量值了。

据说，他为了测量太阳直径，来到瑞士塔克尔诺天文台，利用针孔摄影机对准太阳望远镜焦点上的太阳像，进行了246次光电测量。

你知道139.2万千米这个数值有多大吗？相当于109个地球直径之和，是太阳系九大行星直径和的3.4倍。

艾迪的看法

1979年，美国天文学家艾迪发表了一个耸人听闻的结论：太阳正在收缩。

他认为，过不了10万年，太阳将缩为一个小点。到那时候，我们地球上的白天将没有太阳。想想看，若是没有太阳，将是一幅多么可怕的景象！

美国天文学家艾迪提出了“蒙德极小期”的概念，他认为在蒙德极小期之内，黑子的记录一次也没有，太阳活动很弱，太阳活动11年周期的脉搏也停止了。

自1610年使用望远镜观测太阳黑子以后，至19世纪中叶已经积累了大量观测资料。黑子的11年周期已为天文界所公认。

1843年，德国天文学家斯玻勒在研究黑子纬度分布时发现：1645年至1715年的70年间，几乎没有黑子记录。

1894年，英国天文学家蒙德在总结斯玻勒的发现时，把1645年至1715年这一时期称为太阳黑子“延长极小期”。

1922年他又撰文以极光记录的显著减小来论述存在黑子延长极小期的可能性。

艾迪的看法在天文学界引起了激烈争论，1979年艾迪也提出了更大胆的观点，即太阳正在收缩着，太阳直径差不多每年缩短1／850，太阳直径差不多每年缩短1647千米。按艾迪的计算，太阳到了一定时期也就消失了。

艾迪的研究

艾迪曾认真研究了英国格林尼治天文台从1836年至1935年的太阳观测资料，数据表明这117年间太阳直径不断收缩。他还研究了美国海军天文台从1846年以来的观测记录，得出结论同上面的结论一致。

艾迪还认真观测了1567年4月9日的一次日环食。当时有人计算应是日全食，艾迪解释说，原来的太阳比现在大些，月亮遮不严太阳的光线，所以就出现了一个环。

科学家的证明

法国哥廷根天文台也保存较完整的太阳观测资料。科学家们的计算表明，太阳大小在200多年内变化不大，比起艾迪的数值要小得多。

天文学家还试图从水星凌日的材料证明艾迪的观点。根据42次水星凌日的观测记录发现，300多年来，太阳非但没有缩小，还有增大的现象。此外，英国天文学家帕克斯还借助1981年日全

食的机会进行了相关的观测，得出的结论也和艾迪相反。

1982年，美国科罗拉多高空观测所和萨里空间实验站的科学家们，精心研究了最近265年中水星绕太阳运动的资料，以及有关日食的资料，得出的结论是：太阳的直径并不固定，它一直在“颤抖”，其周期约为76年。太阳直径最大与最小时可相差300千米。

1986年，法国一些天文学家又宣布了一项惊人的消息：根据太阳黑子资料的历史记录分析，在17世纪时，太阳的大小与今天不一样，300年以前的太阳直径比现在大了2000千米左右，而且，那时候太阳的自转速度也比现在慢4%左右。

我国科学家的计算

1987年，中国上海天文台与美国海军天文台合作，将当年9月27日的日全食资料与1715年的资料比较，结果表明太阳确有收缩，但只是艾迪数值的1/5，有些科学家从其他日全食资料来计算，也只有艾迪数值的1/10。

太阳会一直收缩下去吗？收缩的幅度到底有多大？科学家们观点还很不统一，需要进一步观测来证明。要想揭开这个太阳之谜，需要相当长的探索历程。

我还想知道

上海天文台以天文地球动力学和银河系、星系天体物理为主要学科发展方向，拥有基线干涉测量、卫星激光测距、全球定位系统等多项现代空间天文观测技术，是世界上拥有这些技术的台站之一。

闪闪的星星

夜晚天空中闪烁发光的天体被我们称为星星。据科学家预测，天空中能够被肉眼看见的星星近7000颗。那么，你知道星星为何会闪烁吗？你看见过瑰丽壮观的星云吗？你听说过小行星会撞击大行星吗？你知道怪星的存在吗？如果你对这些都一无所知，那你知道的星星就没有任何光彩而言了。

星星为何会闪烁

白天为何不见星星

在我们的地球，白天一般是不会有星星出现的，那是因为地球的大气层在作怪，它把阳光散射四面八方，而星星是那么暗淡，所以难以显露出来。但这并不表明，在白天我们的头顶上没有星星。事实上，在日全食时太阳被全部挡住的几分钟内，星星就会像在夜晚那样闪烁不停。再如无论是在航天飞机上的宇航员，还是在空间轨道站上的宇航员，由于他们摆脱了大气的羁绊，所以他们就在阳光明媚的大白天见到了满天星斗。

由于太阳依然让人无法正视，因为周围没有了空气，所以在太阳的身旁不远处，就有群星在争辉。因此，他们见到的白天与地面上是完全不同的。

星光为何闪烁不停

星光闪烁不停的真正原因是在于地球的大气层。大气的流动性非常强，而各处的气流因温度、湿度、压力、风向等多种因素，总在不停地流动着，有些气流还特别不规则，每时每刻都在变化着，正因为恒星面前的空气流动情况在不断变化，就会使星光受到不规则的扭曲，于是星光就显得闪烁了。

而这也往往成为识别行星的一个方法，即行星的光一般是稳定不闪的。

天上有多少颗星星

天空中究竟有多少颗星星？这是迄今为止，没有任何一位科学家能准确回答的问题。但是，最近有了相对准确的答案：宇宙中大约有7×10^{22}颗星星。这个数字是澳大利亚国立大学天文学和天体物理学研究院的西蒙·德赖弗教授及其研究小组计算出来的。

西蒙·德赖弗教授及其研究小组的人员，使用世界上最先进的射电望远镜，首先计算出离地球较近的一片空间里有多少个星系。然后，通过测量星系的亮度，估计出每个星系里有多少颗星星。

接下来，再根据这个数字来推断在可见的宇宙空间里有多少颗星星。专家认为，这是迄今为止最先进的计算方法。

在国际天文学界高度评价这一研究成果的同时，西蒙·德赖弗教授说：7×10^{22}颗星星，并不是整个宇宙的星星数量，而是在现代望远镜力所能及的范围内计算出的相对准确的数字，真正的数字会比这个大得多。这和我们的银河系有关，因为我们所看到的星星，差不多都是银河系里的星星。

为什么夏天晚上星星多

整个银河系至少有1000亿颗恒星，它们大致分布在一个圆饼状的天空范围内，这个“圆饼”的中央比周围厚一些，光线从“圆饼”的一端跑到另一端要10万光年。

我们的太阳光系是银河系里的一员，太阳系所处的位置并不在银河系的中心，而是在距银河系中心约2.5万光年的地方。当我们向银河系中心方向看时，可以看到银河系恒星密集的中心部分和大部分银河系，因此看到的星星就多；向相反方向看

时，看到的只是银河系的边缘部分，看到的星星就少得多。

地球不停地绕太阳转动，北半球夏季时，地球转到太阳和银河系中心之间，银河系的主要部分——银河带，正好是夜晚出现在我们头顶上的天空；在其他季节里，这段恒星最多最密集的部分，有的是在白天出现，有的是在清晨出现，有的是在黄昏出现，有时它不在天空中央，而是在靠近地平线的地方，这样就不容易看到它。

所以，在夏天晚上我们看到的星星比冬天晚上看到的要多一些。

我还想知道

在距离地球3.6万光年的地方，有一颗编号为HE0107-5240的巨星，它的年龄大约有132亿岁，其形成可以追溯到宇宙初期，宇宙形成期目前公认为137亿年前。

脉冲星的灯塔效应

脉冲周期

脉冲星有个奇异的特性，即短而稳的脉冲周期。所谓脉冲就是像人的脉搏一样，一下一下出现短促的无线电讯号，如贝尔发现的第一颗脉冲星，每两脉冲间隔时间是1.337秒，其他脉冲还有短到0.0014秒的，最长的也不过11.765735秒。

那么，这样有规则的脉冲究竟是怎样产生的呢?

灯塔效应

天文学家研究指出：脉冲的形成是由于脉冲的高速自转。原理就像我们乘坐轮船在海里航行，看到过的灯塔一样。设想一座灯塔总是亮着并且在不停地有规则运动，灯塔每转一圈，由它窗口射出的灯光就射到我们的船上一次。不断旋转，在我们看来，灯塔的光就连续地一明一灭。

脉冲星每自转一周，我们就接收到一次它辐射的电磁波，于是就形成一断一续的脉冲。脉冲这种现象，也就叫灯塔效应。脉冲的周期其实就是脉冲星的自转周期。

中子星的亮斑

灯塔的光只能从窗口射出来，是不是说脉冲星也只能从某个窗口射出来呢?

正是这样，脉冲星就是中子星，而中子星与其他星体发光不一样，太阳表面到处发亮，中子星则只有两个相对着的小区域才能辐射出来，其他地方辐射是跑不出来的。即是说中子星表面只有两个亮斑，别处都是暗的。

中子星的窗口

这是什么原因呢？原来，中子星本身存在着极大的磁场，强磁场把辐射封闭起来，使中子星辐射只能沿着磁轴方向，从两个磁极区出来，这两磁极区就是中子星的窗口。

中子星的辐射从两个窗口出来后在空中传播，形成两个圆锥形的辐射束。

若地球刚好在这束辐射的方向上，我们就能接收到辐射，并且每转一圈，这束辐射就扫过地球一次，也就形成我们接收到的有规则的脉冲信号。

专家的讨论

几乎所有的专家都相信上述这种灯塔模型。但是也有离经叛道的不同意见被提了出来。新的观点认为脉冲星的发光不是源自

它的磁极，而是来自它的周围。

同时认为，脉冲星发出脉冲光是因为它的磁场在高速地翻转振荡，激变的磁场造成星体周围出现了极高的感生电场。这个感生电场的峰值出现在磁场过零点附近，并且加速带电粒子使其发出同步辐射。这就可以解释脉冲信号的产生机理。

灯塔模型是现在最为流行的脉冲星模型。然而磁场震荡模型还没有被普遍接受。

脉冲星的发现

1967年10月，英国剑桥大学卡文迪许实验室的安东尼·休伊什教授的研究生、24岁的乔丝琳·贝尔检测射电望远镜收到的信号时无意中发现了一些有规律的脉冲信号，它们的周期十分稳定，为1.337秒。

起初，她以为这是外星人“小绿人”发来的信号，但在接下来不到半年的时间里，又陆陆续续发现了数个这样的脉冲信号。

后来人们确认这是一类新的天体，并把它命名为脉冲星。脉冲星与类星体、宇宙微波背景辐射、星际有机分子一道，并称为20世纪60年代天文学“四大发现”。

安东尼·休伊什教授本人也因脉冲星的发现而荣获1974年的诺贝尔物理学奖。至今，脉冲星已被我们找到了不少于1620多颗，并且已得知它们就是高速自转着的中子星。

脉冲双星是1974年由美国马萨诸塞大学的罗素·胡尔斯和约瑟夫·泰勒使用放在波多黎各的阿雷西博射电望远镜发现的。胡尔斯当时是研究生，主持一项用该望远镜搜索脉冲星计划的日常工作。他的导师泰勒则是这一计划的总负责人。

1974年，他们在那个夏天的发现和研究成果异常重要，并于1993年双双因脉冲双星研究而获诺贝尔奖。

我还想知道

2011年11月3日，美国航天局称，多国合作的费米伽马射线太空望远镜在巡天观测中，发现一颗年龄为2500万年的脉冲星，这也是人类迄今发现的最年轻的脉冲星。

行踪不定的星星

金卫的首次发现

天空中的星星时隐时现，是由于我们在用肉眼观察的时侯，空气波动的结果，那么天文学家观察到的时隐时现的星星又是怎么回事呢?

金星是太阳系中八大行星之一，按离太阳由近及远的次序是第二颗。它是离地球最近的行星。

1672年1月25日，天文学家卡西尼首次看到金星附近有一个小天体。他仔细观察了10分钟，但并不打算立即宣布发现了一颗金卫，以免引起一场轰动。

1686年8月18日早晨，卡西尼又一次看到了这个小天体：这颗卫星足有金星的1／4体积那么大，它位于距金星3／5个金星直径处，这颗金卫的相位与其母行星金星的相位相同。卡西尼对这一天体研究了15分钟，并作了完整的记录。

科学家的再观察

然而观察到的并非仅卡西尼一人。1740年10月23日，英国人吉姆·肖特也在金星附近发现了一个天体，他用望远镜观察了一个小时之久，他说这一天体有1／3个金星那么大。

1761年2月10日、11日和12日，法国马赛市人约瑟夫·路易斯·拉格朗格声称他曾几次看到了这颗金卫。

1761年3月15日、28日和29日，法国奥赫里人蒙特巴隆通过他的望远镜也发现了这个金星的“幼仔”。

而同年的6月、7月、8月间，美国科佩汉根人罗德科伊尔对这一天体也曾观察了8次。这些科学家们的辛勤劳动最后得到了官方的承认。普鲁士国王弗雷德里克大帝提议，将金卫命名为“阿里姆博特”，以纪念这位法国学者。

金卫的悄然离去

1768年1月3日，科佩汉根的克里斯坦·霍利鲍又仔细研究了这颗金卫，继而发生的事更为神秘离奇，即金卫这个爱神之子失踪了整整一个世纪。

在1886年，这个金卫又出现了。埃及天文学家曾7次看到了它，并把它命名为尼斯，以示对这位埃及知识之神的敬意。

1892年8月13日，美国天文学家爱德华·埃默森·伯纳德在金星附近看到一个7星等的天体。伯纳德教授确定它是一颗位于Ophillchlls星座的恒星，人们还给木卫五取名为伯纳德恒星，以示对他的敬意。然而正当木卫五围绕其母星欢乐地运行，这颗伯纳德小恒星在不停地闪烁之时，金卫却又悄然走失了。

自此以后的很长一段时间里，天文学家试图再一次寻找这颗金卫但都无功而返。这颗为许多科学家所观测到的卫星仍是一个谜。

科学家的猜测

如果评论家们要说所有这些科学家之辈们都在凭幻觉，以及说莱斯卡鲍特无所事事却得了荣誉勋章，那么这些说法纯粹太离谱也太不近人情。

毫无疑问，所有这些观察都是有目共睹、切切实实的。这一切的发生，使人们不得不产生了许多猜测：1859年穿越太阳表面的那个天体是什么呢？会不会它是一个小行星或者是另一个世界的巨大空间站呢？金卫是不是也为外星系的空中堡垒呢？

金星卫星之谜

金星目前还有许多谜团未解开。其中最令人困惑的就是它的卫星之谜。

在现在的所有天文书籍上，在谈到金星卫星时，都认为它的天然卫星数是“0”。

1686年8月，法国的天文学家乔·卡西尼宣布，他发现了金星的一颗卫星。并对这个新发现的金卫进行过多次观察。并且根

据他公布的金卫轨道数据，当时有不少人也观测到了这个卫星，直至18世纪时，金星卫星似乎已经成为了定论。

金卫在人们的观测中存在了78年，现在再也没有丝毫踪迹可寻。现在的太空望远镜、射电望远镜、雷达以及若干宇宙飞船已经证实，现在的金星没有卫星。

那么在卡西尼时代是否真有金卫？难道许多天文学家所见的都是幻觉吗？如果真的存在，那么200多年前，是什么能量把一个半径1500千米，质量达几千亿亿吨的金卫消灭得干干净净呢？

现在的天文界至今存在两种不同的观点：一是根本否认金卫的存在，一是认为它曾经存在过，但后来挣脱金星控制飞走了。但无论持哪种观点，金星卫星目前还是一个未解之谜。

我还想知道

卡西尼：1625年6月8日出生于意大利佩里纳尔多，1712年9月14日逝世于法国巴黎。他是一位在意大利出生的法国天文学家和水利工程师。他发现了土星光环中间的缝隙，“卡西尼缝”由此得名。

瑰丽壮观的星云

彩虹星云

这些由星际尘埃及气体云组成的云气，如同纤柔娇贵的宇宙花瓣，远远地盛开在1300光年远的仙王座恒星丰产区。有时它被称为彩虹星云，有时人们又叫她艾丽斯星云，而被编入目录的则是NGC7023，而它也并非是天空中唯一会让人联想到花的星云。

在彩虹星云中，星云尘埃物质围绕着一颗炙热的年轻恒星。尘埃中央灯丝以一种略带红色的光致发光。然而，这一星云反射出的光线主要是蓝色的，这是尘埃微粒反射恒星光芒的特点。在

尘埃中心的细丝发出微弱的红色荧光，这是由于一些尘埃微粒能有效地将恒星发出的不可见的紫外线转换成可见的红光。红外观测器还发现这个星云可能含有叫作多环芳烃的复杂碳分子。

玫瑰星云

美丽的玫瑰星云NGC2237，是一个距离我们3000光年的大型发射星云。星云中心有一个编号为NGC2244的疏散星团，而星团恒星所发出的恒星风，已经在星云的中心吹出一个大洞。这些恒星大约是在400万年前从它周围的云气中形成的，而空洞的边缘有一层由尘埃和热云气的隔离层。这团热星所发出的紫外光辐射，游离了四周的云气，使它们发出辉光。星云内丰富的氢气，在年轻亮星的激发下，让NGC2237在大部分照片里呈现红色的色泽。 不是所有的玫瑰星云都是红色的，但它们还是非常漂亮。在天象图中，美丽的玫瑰星云和其他恒星形成区域总是以红色为主，一部分因为在星云中占据支配的发射物是氢原子产生的。

三叶星云

1747年，法国天文学家勒让蒂尔首先发现了三叶星云，三叶星云比较明亮也比较大，为反射和发射混合型星云，视星等为8.5等，视大小为29′×27′。这个星云上有三条非常明显的黑道，它的形状就好像是三片发亮的树叶紧密而和谐地凑在一起，因此被称作三叶星云。由于星云上面那格外醒目的三条黑纹，也有天文学家将它叫作三裂星云。

三叶星云位于人马座。要想找到三叶星云，我们要先熟悉一下人马座。人马座是一个十分壮观的星座，坐落在银河最宽最亮

的区域，那里就是银河系的中心方向。每年夏天是最适于观测人马座的季节。6月底7月初时，太阳刚刚落山，人马座便从东方升起，整夜都可以看见它。

人马座是黄道12星座之一，它的东边是摩羯座、西边是天蝎座。有人将人马座叫作射手座，那是不规范的叫法。人马座的主人公是希腊神话中上身是人、下身是马的马人凯洛恩。凯洛恩既擅长拉弓射箭又是全希腊最有学问的人，许多大英雄都拜他为师。由于人马座的位置比较偏南，所以地球上北纬78度以北的地区根本看不到这个星座，北纬45度以南的地区才能够看到完整的人马座。我国绝大部分地区都能看到完整的人马座。

那么，我们怎样才能顺利地找到人马座呢？人马座中有6颗亮星组成了一个与北斗七星非常相像的南斗六星。虽然南斗六星的亮度和大小都比北斗七星逊色，但也很惹人注意。找到了南斗六星也就是找到人马座了。

人马座的范围比较大，所包含的亮星比较多，2等星2颗，3

等星8颗。人马座也是著名深空天体云集的地方，除了三叶星云之外，另外还有14个梅西叶天体，如著名的礁湖星云M8、马蹄星云M17等等，三叶星云在梅西叶星表中排行20，简称M20。

那么，三叶星云在哪儿呢？它就在南斗六星斗柄尖上那颗较亮的人马座μ星的西南方大约4°远处。三叶星云距离我们5600光年之遥。

环状星云

环状星云，意为行星状星云，因此类星云中心有颗高温星，外围环绕着一圈云状物质，就好像行星绕着太阳似的，因而得名，也有因其形状像一个光环，所以又称为环状星云。

其成因系由超新星爆炸所致，当一颗质量在太阳的1.4至2倍的恒星发生爆炸时，其外部物质被抛向太空，形成圆形的星云，而星球的核心部分则被压缩成密度极大、温度极高的中子星，把抛出到周围的物质照亮而被人们看到，即为环状星云，这和气状星云、系外星云的性质完全不同，此类星云在数量上远比其他类星云星团少的多。环状星云是由英国著名天文学家威廉·赫歇尔发现的。当时，赫歇尔还是英国皇家乐队的一名钢琴师，但他酷爱天文学，经常用望远镜观测星空。

1779年夏季的一天晚上，当赫歇尔把望远镜对准天琴座的时候，在密密麻麻的恒星当中，发现了一个略带淡绿色、边缘较清晰的呈小圆面的天体。他模模糊糊地看出它应该是一个星云。但这是一种什么类型的星云呢？赫歇尔也不知道。

由于他的望远镜分辨率太差了，他看不清楚星云的细节，只

是看它的模样与大行星很相像，于是赫歇尔就把这类星云命名为行星状星云。事实上，行星状星云与行星毫无关联，然而这个不恰当的名称却被人们一直沿用下来。与赫歇尔同时代的法国天文学家安东尼·达尔奎耶也在同时发现了这个天体，他当时是在观测出现的彗星而看到它的。法国天文学家梅西叶把这个天体收入自己编制的星表中，排在第57位，简称M57。

随着观测能力的不断提高，人们后来又陆续发现了不少行星状星云，目前的总数为1000多个。天文学家估计在我们的银河系中大概一共有四五万个行星状星云，只是由于它们都隐藏在太空深处，实在是太小太暗了，以至于我们目前还不能发现它们。

马头星云

IC 434是位于猎户座的一个明亮发射星云，它于1786年2月1日被英国威廉·赫歇尔发现。它位于猎户腰带最东边的参宿一旁边，是一片细长且模糊不清的地区。IC 434因为衬托出著名的马头星云，因此它比IC星表中的其他天体更为著名。

马头星云，亦称巴纳德33，是明亮的IC 434内的一个暗星云，位于猎户座的暗星云，马头星云离地球1500光年，从地球看它位于猎户座下方，视星等8.3等，肉眼不能见。因形状十分像马头的剪影，故有马头星云的称号。1888年哈佛大学天文台拍下的照片首次发现这个不同寻常形状的星云。

“马头星云”是业余望远镜能力范围内很难观测的天体，所以业余爱好者经常将“马头星云”作为检验他们观测技巧的测试目标。它的一部分是发射星云，为一颗光谱型B7的恒星所激发；

另一部分是反射星云，为一颗光谱型B7的恒星所照亮。角直径30′，距地球350秒差距。星云红色的辉光，主要是星云后方被恒星所照射的氢气。暗色的马头高约 1 光年，主要来自浓密的尘埃遮掩了它后方的光，不过马颈底部左方的阴影，是马颈所造成的阴影。

贯穿星云的强大磁场，正迫使大量的气体飞离星云。马头星云底部里的亮点，是正在新生阶段的年轻恒星。光约需要经过1500年，才会从马头星云传到我们这里。

幽灵星云

幽灵星云，是位于猎户座的一个弥散星云，距离地球1300光年，看起来像有一个黑色鬼影浮于雾气之中。幽灵星云的编号是NGC 6369，它是18世纪的英国天文学家威廉·赫歇尔用望远镜

观测蛇夫座时发现的。这个星云具有行星浑圆的外观，此外它也很昏暗，所以有幽灵星云的绰号。猎户座内部的明亮变星V380照亮了此星云，这些寒冷气体与尘埃如此浓密，以至于完全阻挡了光线的通过。此黑暗云中的恒星或许很密集，而此黑暗云是一个致密的气体尘埃云，叫博克球状体。

小幽灵星云位于离开太阳系2000光年以外的蛇夫星座，气体以24千米/秒左右的速度向外喷溅，而气团的直径已经达到1光年。呈现蓝绿色的中间部分由气体组成，这是在红色巨星紫外线作用下发生强烈电离的结果，气团的外部受紫外线的作用较弱，因此气团的外部颜色接近黄色和橙色。

蚂蚁星云

该星云是一个由尘埃和气体构成的云团，专门名称是Mz3。在用地面望远镜观察时，发现它的外形与一只蚂蚁非常相似。位于我们的银河中，距离地球3000到6000光年。它是于1997年7月20日被华盛顿大学天文学家布鲁斯·贝里克和莱登大学天文学家文森特·艾克在研究哈伯太空望远镜的影像时发现的。Mz3被称为蚂蚁星云是因为它的影象十分像一只普通蚂蚁的头部和胸部。

猫眼星云

猫眼星云为一行星状星云，位于天龙座。这个星云特别的地方，在于其结构几乎是所有有记录的星云当中最为复杂的一个。猫眼星云拥有绳结、喷柱、弧形等各种形状的结构。这个星云于1786年2月15日由英国威廉·赫歇尔首先发现的。至1864年，英国业余天文学家威廉·赫金斯为猫眼星云作了光谱分析，也是首次将光谱分析技术用于星云上。

现代的研究揭开不少有关猫眼星云的谜团，有人认为星云结构之所以复杂，是来自其连星系统中主星的喷发物质，但至今尚未有证据指出其中心恒星拥有伴星。另外，两个有关星云化学物质量度的结果出现重大差异，其原因目前仍不明。

我还想知道

上帝之唇：2010年，美国宇航局拍摄到一张暮年恒星形成的星云图像，星云的形状酷似噘起来准备亲吻的嘴唇。这颗正在衰亡的恒星距地球1.6万.光年，是银河系最大的天体之一。

黑洞是宇宙掠夺者吗

黑洞是什么

黑洞很容易让人望文生义地想象成一个“大黑窟窿”，其实不然。所谓“黑洞”，就是这样一种天体：它的引力场是如此之强，就连光也不能逃脱出来。

黑洞不让任何其边界以内的任何事物被外界看见，这就是这种物体被称为黑洞的缘故。我们无法通过光的反射来观察它，只能通过受其影响的周围物体来间接了解黑洞。虽然这么说，但黑洞还是有它的边界，既“事件视界”。据猜测，黑洞是死亡恒星的剩余物，是在特殊的大质量超巨星坍塌收缩时产生的。另外，黑洞必须是一颗质量大于钱德拉塞卡极限的恒星演化到末期而形成的，质量小于钱德拉塞卡极限的恒星是无法形成黑洞的。

黑洞其实也是个星球，只不过它的密度非常大，靠近它的物体都被它的引力所约束，不管用多大的速度都无法脱离。对于地球来说，以第二宇宙速度每秒11．2千米飞行就可以逃离地球。但是对于黑洞来说，它的第二宇宙速度之大，竟然超越了光速，所以连光都跑不出来，于是射进去的光没有反射回来，我们的眼睛就看不到任何东西，只是黑色一片。

黑洞的形成

根据广义相对论，引力场将使时空弯曲。当恒星的体积很大时，它的引力场对时空几乎没什么影响，从恒星表面上某一点发的光可以朝任何方向沿直线射出。而恒星的半径越小，它对周围的时空弯曲作用就越大，朝某些角度发出的光就将沿弯曲空间返回恒星表面。等恒星的半径小到一特定值，天文学上叫“史瓦西半径”时，就连垂直表面发射的光都被捕获了。到这时，恒星就变成了黑洞。说它“黑”，是指它就像宇宙中的无底洞，任何物质一旦掉进去，“似乎”就再不能逃出。实际上黑洞真正是“隐形”的。

那么，黑洞是怎样形成的呢？其实，跟白矮星和中子星一样，黑洞很可能也是由恒星演化而来的。

当一颗恒星衰老时，它的热核反应已经耗尽了中心的燃料——氢，由中心产生的能量已经不多了。这样，

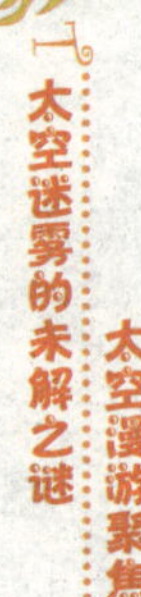

它再也没有足够的力量来承担起外壳巨大的重量。所以在外壳的重压之下，核心开始坍缩，直至最后形成体积小、密度大的星体，重新有能力与压力平衡。

质量小一些的恒星主要演化成白矮星，质量比较大的恒星则有可能形成中子星。而根据科学家的计算，中子星的总质量不能大于3倍太阳的质量。如果超过了这个值，那么将再没有什么力能与自身重力相抗衡了，从而引发另一次大坍缩。

这次，根据科学家的猜想，物质将不可阻挡地向着中心点进军，直至成为一个体积趋于零、密度趋向无限大的“点”。而当它的半径一旦收缩到一定程度，正像我们上面介绍的那样，巨大的引力就使得即使光也无法向外射出，从而切断了恒星与外界的一切联系——黑洞诞生了。

黑洞的本领

与别的天体相比，黑洞是显得太特殊了。例如，黑洞有“隐身术”，人们无法直接观察到它，连科学家都只能对它内部结构提出各种猜想。那么，黑洞是怎么把自己隐藏起来的呢？答案就是——弯曲的空间。我们都知道，光是沿直线传播的。这是一个最基本的常识。可是根据广义相对论，空间会在引力场作用下弯曲。这时候，光虽然仍沿任意两点间的最短距离传播，但走的已经不是直线，而是曲线。形象地讲，好像光本来是要走直线的，只不过强大的引力把它拉得偏离了原来的方向。

在地球上，由于引力场作用很小，这种弯曲是微乎其微的。而在黑洞周围，空间的这种变形非常大。这样，即使是被黑洞挡着的恒星发出的光，虽然有一部分会落入黑洞中消失，可另一部分光线会通过弯曲的空间中绕过黑洞而到达地球。所以，我们可以毫不费力地观察到黑洞背面的星空，就像黑洞不存在一样，这就是黑洞的隐身术。

更有趣的是，有些恒星不仅是朝着地球发出的光能直接到达地球，它朝其他方向发射的光也可能被附近的黑洞的强引力折射而能到达地球。这样我们不仅能看见这颗恒星的“脸”，还同时看到它的侧面、甚至后背。

对黑洞的研究

黑洞无疑是20世纪最具有挑战性，也最让人激动的天文学说之一。许多科学家正在为揭开它的神秘面纱而辛勤工作着，新的理论也不断地提出。根据爱因斯坦的能量与质量守恒定律。当物

体失去能量时，同时也会失去质量。黑洞同样遵从能量与质量守恒定律，当黑洞失去能量时，黑洞也就不存了。英国物理学家史迪芬·霍金预言，黑洞消失的一瞬间会产生剧烈的爆炸，释放出的能量相当于数百万颗氢弹的能量。

黑洞会发出耀眼的光芒，体积会缩小，甚至会爆炸。霍金于1974年作此理论时，整个科学界为之震动。黑洞曾被认为是宇宙最终的沉淀所：没有什么可以逃出黑洞，它们吞噬了气体和星体，质量增大，因而洞的体积只会增大。

霍金的理论是受灵感支配的思维的飞跃，他结合了广义相对论和量子理论。他发现黑洞周围的引力场释放出能量，同时也在消耗黑洞的能量和质量。当黑洞的质量越来越小时，它的温度会越来越高。

这样，当黑洞损失质量时，它的温度和发射率增大，因而它的质量损失得更快。这种“霍金辐射”对大多数黑洞来说可以忽

略不计，而小黑洞则以极高的速度辐射能量，直至黑洞的爆炸。

黑洞的毁灭

所有的黑洞都会蒸发，只不过大的黑洞沸腾得较慢，它们的辐射非常微弱，因此令人难以觉察。但是随着黑洞逐渐变小，这个过程会加速，以至最终失控。黑洞萎缩时，引力也会变陡，产生更多的逃逸粒子，从黑洞中掠夺的能量和质量也就越多。

黑洞萎缩得越来越快，促使蒸发的速度变得越来越快，周围的光环变得更亮、更热，当温度达到10^{15}摄氏度时，黑洞就会在爆炸中毁灭。

“黑洞”这个词是20世纪才出现的。美国物理学家约翰·惠勒为了形象描述这种神奇的天体，于1967年创造了这个颇具神秘色彩的术语。

惠勒把黑洞比作《艾丽丝漫游奇境记》中的坏女人，她只在临死前露出一丝微笑。“引力微笑”是恒星坍缩成黑洞或被另一个黑洞吞没时的唯一迹象。

正是在引力微笑的指引下，我们得以在神奇的宇宙中去发现黑洞这个贪婪的掠夺者。黑洞为我们解答许多科学难题提供了线索，引导我们在没有边界、超越了时空概念的宇宙空间遨游。

我还想知道

一个来自以色列特拉维夫大学的天文学家小组发现，宇宙中最大质量黑洞的首次快速成长期出现在宇宙年龄约为12亿年时，并非之前认为的20至40亿年。

天狼星为何会变色

天狼星会变色吗

天狼星的亮度在天空中排行第六，所以，天狼星也算是夜空中一颗比较明亮的星星了。但令人不可思议的是它的颜色。在古代的巴比伦、古希腊和古罗马的书籍里，记载的天狼星是红色的，但今天人们发现的天狼星却是一颗白色的星。

天体历史学家们认为，是由于天狼星接近地平线的缘故。接近地平线的星球，呈现红色，就像朝阳和落日一样。德国两位天文学家斯地劳瑟和伯格曼对这种传统的说法提出了异议。他们找出6世纪法国历史学家格雷拉瓦·杜尔主教写给修道院的训示手

稿中有关于天狼星的记载。其中谈到天狼星是红色的，并且非常明亮。科学家托马斯·杰斐逊在1892年重新提起了红色天狼星的问题。

古罗马著名斯多亚学派哲学家塞内卡也把天狼星描述成暗红色的，还要比火星的颜色更深。

虽然如此，并非所有的古代观测者都看到红色的天狼星，如1世纪诗人马卡斯把它描写为天蓝。在我国古代，白色是天狼星的标准颜色，早至公元前2世纪晚至公元后7世纪若干记录都记述天狼星呈现着白色的光芒。

天狼星是一颗双星

1962年，美国天文学家克拉克已发现天狼星是一颗双星。主星称为天狼星A，是一颗普通的白星；伴星称为天狼星B，是一颗白矮星。天狼星的颜色是由天狼星B起主导作用。从现有的星球演变理论得知，白矮星是天体中一种变化较快的巨星，它的前期阶段是红巨星。

其后，大约需要几万年，它才变成一颗白矮星。令人惊讶的是天狼星B仅仅在2000年左右的时间里，就从红巨星变成了白矮星，这在恒星演化史上却是绝无仅有的。

我还想知道

天狼星在我国属于二十八星宿的井宿。天狼星是冬季夜空里最亮的恒星，天狼星、南河三和参宿四对于居住在北半球的人来看，组成了冬季大三角的3个顶点。

小行星会撞击大行星吗

小行星会撞击地球吗

科学家们对几种小行星和其他行星之间的相撞问题进行了研究。目前，已知有几十颗阿莫尔、阿金和阿波罗的小行星，它们的运行轨道处在火星、地球和金星的轨道范围内。

新西兰学者统计了直径在1000米以上的这类小行星的总数，考虑到行星的运行特点，从而测定了这些小行星与大行星相撞的平均概率。其实，同其他行星相比，地球与小行星的相撞概率会更高些：平均16万年发生一次；而金星平均30万年一次，火星平均150万年一次，水星平均500万年一次。

小行星的寿命有多长

当然，对除地球以外的行星来说，这种撞击几乎无关紧要，而对小行星来说则将了却自己的一生。运行轨道处在太阳系范围内的小行星的平均寿命是多少呢？只会同火星相撞的阿摩尔型小行星的平均寿命约为3×10^9年。运

行轨道只横穿地球轨道的阿金型小行星的寿命总共只有2.5×10^7年。运行轨道横穿所有类地行星轨道的阿波罗型小行星的寿命约为10^8年。

不过，阿波罗型和阿摩尔型小行星有可能与大行星相撞，还可能与处在火星与木星之间的小行星带中的小行星相撞，从而更加缩短了这些小行星的寿命。

小行星的大威胁

近地小行星究竟距地球有多近呢？20世纪30年代，近地小行星频繁造访地球。1936年2月7日，小行星阿多尼斯星在距地球220万千米的地方掠过地球。1937年10月30日，赫米斯星更是让人惊叹，它跑到地球身旁的70万千米处。 天文学家认为，这些小行星在运行中遭遇什么不幸，如受地心引力作用，有可能会撞上地球。

也有天文学家认为，尽管有些小行星轨道并不与地球轨道完全重合，有一定的倾角，但由于小行星在大行星的摄动下，轨道会和地球轨道相交，与地球相撞也就并非耸人听闻。

恐龙灭绝碰撞说

小行星碰撞说认为：大约在6500万年前，一颗直径为千米左右的小行星与地球相撞，猛烈的碰撞卷起了大量的尘埃，使地球大气中充满了灰尘并聚集成尘埃云，厚厚的尘埃云笼罩了整个地球上空，挡住了阳光，使地球成为暗无天日的世界，这种情况持续了几十年。缺少了阳光，植物赖以生存的光合作用被破坏了，大批的植物相继枯萎而死，身躯庞大的食草恐龙根本无法适应这

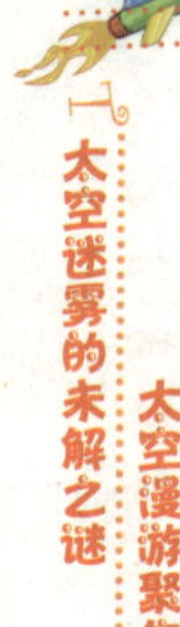

种突发事件引起的生活环境的变异，只有在饥饿的折磨下绝望地倒下；以食草恐龙为食源的食肉恐龙也相继死去。1991年，美国科学家用放射性同位素方法，测得墨西哥湾尤卡坦半岛的大陨石坑直径约180千米，陨石年龄约为6505.18万年。从发现的地表陨石坑来看，每百万年有可能发生3次直径为500米的小行星撞击地球的事件。更大的小行星撞击地球的概率就更小。

碰撞后的大灾难

恐龙在地球上消失了，同时灭亡的还有翼龙、蛇须龙、鱼龙等爬行动物，以及菊石、箭石等海洋无脊椎动物。中生代末地球上有动植物2868属，至新生代初仅剩1502属。75%的物种灭绝了，这是真正的生物界的大毁灭。不仅如此，地动山摇的灾变

对地质海洋和气候也都有难以估量的影响。

碰撞后地质变动

地壳受到小行星猛烈冲击后，破坏了地壳构造的均衡性。当这种平衡被破坏后，地球必须重新调整，即一系列的造山运动和构造运动开始了。向南美板块挤压，形成美洲最高山，这就是地质上有名的喜马拉雅运动。

碰撞后气候变迁

气候格局的变动，使得生物分布也改变了，造就了一些生命力更强的哺乳类和鸟类。可见，环境的恶化，对生物进化是一种催化剂，它虽然是恐龙时代的结束，却是高等动物出现的前奏。

我们的地球是在渐变和灾变演化过来的，但古生物和古地质在短时间发生的巨变现象，用渐变很难解释，沧海桑田，生物灭绝等翻天覆地的变化，对地球而言，就是灾变。

宇宙天体碰撞学说

地球历史中所发生的重大事件都与碰撞密切相关，这些事件的爆发造成了地球环境的灾变，从而导致生物大规模绝灭。这种绝灭又为生物进一步进化铺平了道路，一些生命消失了，另一些生命诞生了，也进化了。

我还想知道

阿莫尔型小行星，是近地小行星的子类之一，该分类以小行星1221的名字“阿莫尔”来命名。这些小行星的近日点均在地球轨道以外，不会威胁到地球。

中华星为何失踪

中国发现的第一颗小行星

1928年11月22日，旅居美国的学者张钰哲在美国叶凯士天文台发现了一颗旧星空图上没有的小行星，临时编号1928UF，最后证实，这是一颗从未被人发现的小行星,这是第一颗亚洲人发现的小行星。

为表示对远隔重洋的祖国的怀念，张钰哲把它取名为“中华”这是个地道的“国货”，为中国小行星研究工作打响了第一炮。因此成为中国现代天文学史上的一大光荣记载。

张钰哲在美国发现的这颗小行星，由于当时没有较大的天文望远镜来作长期跟踪观测，后来便一直没有找到它的下落，仅作为似曾相识的小行星留在人们的脑海里。

1949年后，紫金山天文台工作人员在张钰哲台长的指导下，坚持不懈地开展小行星的观测工作，终于在1957年10月30日，从万千繁星中找到一颗与1928UF轨道相似的小行星，正式编号1125，并命名为“中华”。后来，美国叶凯士天文台又观测到800多颗新的小行星，其中40多颗获得了正式编号，并被赋予富有中国特色的名字，如1125中华、1802张衡、1888祖冲之、2045北京小行星等。

许多年后的再观测

20世纪50年代，张钰哲从美国留学归来，准备对“中华”再次进行观测。1957年10月，他利用紫金山天文台的一架0.6米望远镜寻找这颗小行星。这期间，他与同事已发现了好几颗小行星，其中有一颗与“中华”非常相似，但不能确定。他发表了一篇文章介绍了自己的观测结果。

1977年，张钰哲仍未找到原“中华”的踪影，但是对那颗酷似“中华”的小行星有了很准确、很精密的观测结果。后来，国际小行星中心决定用这颗小行星替代“中华”。原来的“中华”到底是不是现在的这颗，它是否还在太空中遨游，如果它已不存在，那它突然失踪的原因又是什么呢，这许许多多的疑问只是一个谜，一时之间还没法解答。

我还想知道

张钰哲是我国著名的天文学家，被称为“中华星”之父。1978年，国际小行星组织为表彰张钰哲的杰出贡献，决定把美国哈佛大学天文台发现的一颗正式编号为2051的小行星命名为“张”。

发现怪异星体

2008年，美国“凤凰号”探测器对火星着陆探测并返回拍摄的系列照片中，发现离火星不远处有一颗怪异的星体，根据照片上的颜色考证：它可能是天文界争议已久的一种冷热共栖星体。

关于这颗共生星体的ASD照片显示：ASD星体中心是一种低温体，但是它的周围有一层高温星云包层，其表面温度高达几十万度以上。

这是一种什么星体呢？为何一颗星体会容纳如此之大的温差呢？天文学家经过慎重研究与考证后认为，ASD星体是一颗名副其实的共生星体。

共生星的得名

关于这种怪异星体的发现，最早是在20世纪30年代。当时，天文学家在观测星空时发现了这种奇怪的天体。对它进行光谱分析表明，它既是“冷”的，只有2000度至3000度，同时又是十分热的，达到几十万度。也就是说，冷热共生在一个天体上。

1941年，梅里尔首先把这种光谱性质很不相同但又互为依存的星取名为共生星。它们的光变具有准周期的类新星爆发特征，并有小振幅的快速非周期光变。SDS是一种同时兼有冷星光谱特征和高温发射星云光谱复合光谱的特殊天体。

几十年来，全球天文学家已经发现了约100多个这种怪星。

许多天文学家为解开怪星之谜耗费了他们毕生的精力。

我国现在已故的天文学家、前北京天文台台长程茂兰教授早在20世纪四五十年代在法国就对共生星进行过多种观测与研究，在国际上有一定的影响，我国另外一些天文学家也参加了这项揭谜活动。

一大奇谜

共生星成了现代宇宙学界的一大奇谜，国际天文学家为此举行了多次讨论会议。

在1981年的第一次国际“共生星现象”讨论会上，人们只是交流了共生星的光谱和光度特征的观测结果，从理论上探讨了共生星现象的物理过程和演化问题。

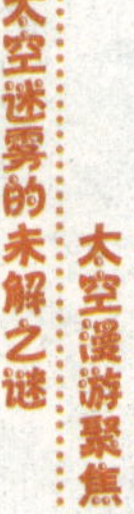

在那以后，观测共生星的手段有了很大发展。天文学家用X射线、紫外线、可见光、红外线及射电波段对共生星进行了大量观测，积累了许多资料。

到了1987年，第二次国际“共生星现象”讨论会上，科学家们进行了多方面的成果公布与讨论，表明怪星之谜的许多方面虽然已为人类所认识，但它的谜底仍未完全揭开。

近些年，天文学家用可见光波段对冷星光谱进行的高精度视向速度测量证明，不少共生星的冷星有环绕它和热星的公共质心运行的轨道运动，这有利于说明共生星是双星。

人们还通过具有较高空间分辨率的射电波段进行探测，查明了许多共生星的星云包层结构图，并认为有些共生星上存在“双极流”现象。

“单星”说

最初，一些天文学家提出了“单星”说。他们认为，这种共生星中心是一个属于红巨星之类的冷星，周围有一层高温星云包层。红巨星是一种晚期恒星，它的密度很小，体积比太阳大得多，表面温度只有两三千摄氏度。可是星云包层的高温从何而来，人们还是无法解释。

太阳表面温度只有6000摄氏度，而它周围的包层——日冕的温度却达到百万度以上。

能不能用它来解释共生星现象呢？日冕的物质非常稀薄，完全不同于共生星的星云包层。因此，太阳不算共生星，也不能用来解释共生星之谜。

“双星”说

哈佛大学天文学家亚瑟与西班牙科学家保认为，共星是由一个冷的红巨星和一个热的矮星，即密度大而体积相对较小的恒星组成的双星。

但是，当时光学观测所能达到的分辨率不算太高，其他观测手段尚未发展起来，人们通过光学观测和红移测量测不出双星绕共同质心旋转的现象。而这是确定是否为双星的最基本物质特征之一。

但是双星说并未能最后确立自己的阵地，有的天文学家就明确反对双星说。这其中一个重要原因是迄今为止未能观测到共生星中的热星。

科学家们只不过是根据激发星云所属的高温间接推论热星的存在，从理论上判断它是表面温度高达几十万度的矮星。许多

天文学家都认为，对热星本质的探索，应当是今后共生星研究的重点方向之一。

此外，他们认为，今后还要加强对双星轨道的测量，并进一步收集关于冷星的资料，以探讨其稳定性。

理论模型

有的天文学家对共生星现象提出了这样一种理论模型：共生星中的低温巨星或超巨星体积不断膨胀，其物质不断外逸，并被邻近的高温矮星吸积，形成一个巨大的圆盘，即所谓的“吸积盘”。

吸积过程中产生的强烈的冲击波和高温。由于它们距离我们太远，我们区分不出它们是两个恒星，因而看起来像热星云

包在一个冷星的外围。

其实，有的共生星属于类新星。类新星是一种经常爆发的恒星。所谓爆发是指恒星由于某种突然发生的十分激烈的物理过程而导致能量大量释放和星的亮度骤增许多倍的现象。

仙女座Z型星是这类星中比较典型的。这是由一个冷的巨星和一个热的矮星外包激发态星而组成的双星系统，爆发时亮度可增大数十倍。它具有低温吸收线和高温发射线并存的典型的共生星光谱特征。

何时揭开共生星之谜

天文学家们指出，对共生星亮度变化的监视有重要意义。通过不间断的监视可以了解其变化的周期性及有没有爆发，从而有助于揭开共生星之谜。

但是共生星光变周期有的达到几百天，专业天文工作者不可能连续几百天盯住这些共生星。因此，他们特别希望广大的天文爱好者能共同来完成这项实验。

揭开共生星之谜，对恒星物理和恒星演化的研究都有重要的意义。但要彻底揭开这个天体之谜，无疑还需要付出许多艰苦的努力。

我还想知道

目前，已发现的共生星约有50颗，共生星的光度与谱变有一定的相关性：往往当光度增强时，晚型吸收谱和高激发发射线减弱或消失；当光度变弱时，晚型吸收谱和高激发发射线又重新出现或加强。

太空的迷雾

神秘的太空隐藏着层层迷雾，七彩的云朵，飞逝的陨石，滚滚的惊雷都曾给人类带来了无数的困惑，这些现象是如何形成的？它们对地球有何影响？学习此类知识虽然不能改变宇宙的性质，但对于人类改善自身的生活，与大自然和谐相处却有极大的好处。

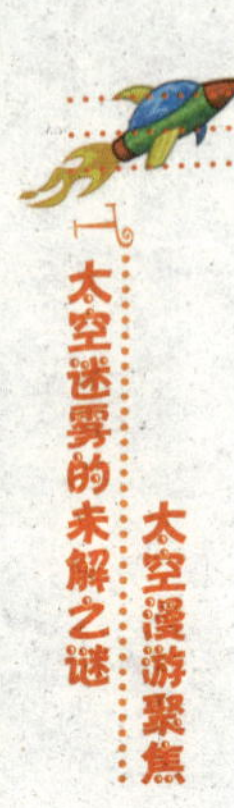

各种各样的怪云

硕大无比的蘑菇云

1984年4月9日22时12分，日本航空公司的JA136班机发现了奇怪的景象：一朵巨大的冰淇淋状的云彩，上端呈半球体，中下部呈直柱状，上下高度约1万米，在太平洋海面上凌空而立，酷似一朵硕大无比的蘑菇。

这种形状的云彩，任何稍有常识的人一旦看见，便会立刻不安地想起不祥的原子云。云彩迅速地扩散开来，从飞机的座舱里也可以看到，扩散的云雾正在扑面而来，给人一种深入云雾之中的感觉。时值深夜，又没有光，但云彩在些微弱的夜光的反射下，居然闪现出明亮的蓝白色光。

日本旅客小平久幸越看越觉得那不是普通的乱积云，而像是核试验后产生的原子云。他果断地向机长报告了情况。

冰淇淋状的云朵

在这一天晚上，看见这奇怪的半球体云彩的目击者不只JA136班机，荷兰航空公司的868班机也同样在同一地点碰见那冰淇淋状的云朵。

当时868班机的机长向安格治管制塔报告说：“前方产生一道强光，突然有圆球形般的云彩出现。云彩刹那间散开了。”

除荷兰航空公司的868班机外，还有两架当夜飞行于这一航线的运输机也同样目击了酷似原子云的半球体云朵。

飞机降落到地面以后，检查人员就对4架飞机及全体乘客、机员进行了严密细致的检查，然而无论是机舱内空气的取样化验，还是乘客、机员的全身检查，结果表明没有任何放射性污染的痕迹。

而对这一出人意料的结果，安格治军事当局宣布，目击者们看见的半球体云朵不是核试验产生的云彩。

太平洋海面上空的冰淇淋状原子云究竟是怎么回事呢?

JAB6班机的机长马格先生说："自然的云彩不可能扩散成那种形状，除了强烈的爆炸物爆炸外，没有其他可能。"他显然是在暗示发生了核爆炸。

根据有关方面的调查，4月9日那天日本自卫队在原子云出现的那一带海域未曾举行过军事演习，而且，以目前日本的军事能力而言，它的任何演习都不能产生1万米高的烟云。而根据专家们说，即使是核子弹在空中爆炸，它所产生的烟云也不可能产生目击者所形容的那种形状。

云是怎样形成的

那么，是不是自然界的异常情况才导致产生这种奇怪的云的呢？答案也是否定的。

因为根据气象局的微压计探测，当天附近海域无任何大的爆发等异常迹象。而且在9日晚上21时至次日凌晨1时气象卫星所拍摄的照片上，只有绢云和绢层云而已，这表明气象情况稳定，不可能出现积乱云或龙卷云。

也就是说，这些云有时能呈现出一定的高度。于是气象局猜测，当天有可能出现镜云，以此来解释那奇异的原子云现象。后来，有传闻说日本航空自卫队对此事进行了调查，在现场收集到一些尘埃，还说美国当局也进行了类似的调查等。

不过传闻终究是传闻，热闹一阵，事情也就不了了之。而随着时间的推移，人们对此事的兴趣渐渐淡薄，最后也就忘记了这件事。此事至今仍是一个不解之谜。

我还想知道

乳房云，它的出现通常预示着暴风雨天气的降临。美国加州大学圣克鲁兹分校物理学家帕特里克·张称，“这种云彩的外形看起来很奇怪，如同一个个袋子挂在天空一样。”

揭开云的奥秘

云的形成

云是地球上庞大的水循环的有形的结果。太阳照在地球的表面，水蒸发形成水蒸气，一旦水汽过饱和，水分子就会聚集在空气中的微尘周围，由此产生的水滴或冰晶将阳光散射到各个方向，这就产生了云的外观。

因为云反射和散射所有波段的电磁波，所以云的颜色成灰色，云层比较薄时成白色，但是当它们变得太厚或浓密而使得阳光不能通过的话，它们看起来是灰色或黑色的。

从地面向上10多千米这层大气中，越靠近地面，温度越高，

空气也越稠密；越往高空，温度越低，空气也越稀薄。

另一方面，江河湖海的水面，以及土壤和动、植物的水分，随时蒸发到空中变成水汽。水汽进入大气后，成云致雨，或凝聚为霜露，然后又返回地面，渗入土壤或流入江河湖海。以后又再蒸发，再凝结下降。周而复始，循环不已。

水汽从蒸发表面进入低层大气后，这里的温度高，所容纳的水汽较多，如果这些湿热的空气被抬升，温度就会逐渐降低，到了一定高度，空气中的水汽就会达到饱和。

如果空气继续被抬升，就会有多余的水汽析出。如果那里的温度高于0℃，则多余的水汽就凝结成小水滴；如果温度低于0℃，则多余的水汽就凝化为小冰晶。在这些小水滴和小冰晶逐渐增多并达到人眼能辨认的程度时，就是云了。其他行星的云不一定会由水所组成，如金星的硫酸云。

云的形态分类

云主要有三种形态：一大团的积云、一大片的层云和纤维状的卷云。而科学上云的分类最早是由法国博物学家让·巴普蒂斯特·拉马克于1801年提出的。

1929年，国际气象组织以英国科学家路克·何华特于1803年制订的分类法为基础，按云的形状、组成、形成原因等把云分为十大云属。而这十大云属则可按其云的高度把它们划入三个云族：高云族、中云族、低云族。

另一种分法则将积雨云从低云族中分出，称为直展云族。这里使用的云的高度仅适用于中纬度地区。

高云族

高云形成于6000米以上高空，对流层较冷的部分。分三属，都是卷云类的。在这高度的水都会凝固结晶，所以这族的云都是由冰晶体所组成的。高云一般呈纤维状，薄薄的并多数会透明。高云族又分为卷云、卷积云、卷层云三类。

卷云，即具有丝缕状结构，柔丝般光泽，分离散乱的云。卷积云，即似鳞片或球状细小云块组成的云片或云层，常排列成行或成群，很像轻风吹过水面所引起的小波纹。白色无暗影，有柔丝般光泽。卷层云，即为白色透明的云幕，日、月透过云幕时轮廓分明，地物有影，常有晕环。

中云族

中云于2500米至6000米的高空形成。它们是由过度冷冻的小水点组成。可分为高积云、高层云两类。

高积云，即云块较小，轮廓分明，常呈扁圆形、瓦块状、鱼鳞片，或是水波状的密集云条。成群、成行、成波状排列。薄的云块呈白色，厚的云块呈暗灰色。在薄的高积云上，常有环绕日月的虹彩，或颜色为外红内蓝的华环。高积云都可与高层云、层积云、卷积云相互演变。

高层云，即带有条纹或纤缕结构的云幕，有时较均匀，颜色灰白或灰色，有时微带蓝色。云层较薄部分，可以看到昏暗不清的日月轮廓，看去好像隔了一层毛玻璃。厚的高层云，则底部比较阴暗，看不到日月。由于云层厚度不一，各部分明暗程度也就不同，但是云底没有显著的起伏。高层云可降连续或间歇性的

雨、雪。若有少数雨下垂时，云底的条纹结构仍可分辨。高层云常由卷层云变厚或雨层云变薄而成。有时也可由蔽光高积云演变而成。

低云族

是在2500米以下的大气中形成。当中包括浓密灰暗的层云、层积云和浓密灰暗兼带雨的雨层云。层云接地就被称为雾。低云族可分为雨层云、层积云、层云、积云、积雨云。

雨层云是厚而均匀的降水云层，完全遮蔽日月，呈暗灰色，布满全天，常有连续性降水。雨层云多数由高层云变成，有时也可由蔽光高积云、蔽光层积云演变而成。

层积云，即由团块、薄片或条形云组成的云群或云层，常成行、成群或波状排列。云块个体都相当大，其视宽度角多数大于5度。云层有时满布全天，有时分布稀疏，常呈灰色、灰白色，常有若干部分比较阴暗。层积云有时可降雨、雪，通常量较小。

层积云除直接生成外，也可由高积云、层云、雨层云演变而来，或由积云、积雨云扩展或平衍而成。层云，是低而均匀的云层，像雾，但不接地，呈灰色或灰白色。层云除直接生成外，也可由雾层缓慢抬升或由层积云演变而来。可降毛毛雨或雪。

直展云族

直展云有非常强的上升气流，所以它们可以一直从底部升到更高处。带有大量降雨和雷暴的积雨云就可以从接近地面的高度开始，然后一直发展至2.5万米的高空。在积雨云的底部，当下降中较冷的空气与上升中较暖的空气相遇就会形成像一个个小袋的乳状云。薄薄的幞状云则会在积雨云膨胀时于其顶部形成。直展云族可分为积云、积雨云两类。

积云，即垂直向上发展的顶部呈圆弧形或圆拱形重叠凸起，而底部几乎是水平的云块。云体边界分明，如果积云和太阳处在相反的位置上，云的中部比隆起的边缘要明亮；反之，如果处在同一侧，云的中部显得黝黑但边缘带着鲜明的金

黄色；如果光从旁边照映着积云，云体明暗就特别明显。积云是由气块上升水汽凝结而成。

积雨云，即云体浓厚庞大，垂直发展极盛，远看很像耸立的高山。云顶由冰晶组成，有白色毛丝般光泽的丝缕结构，常呈铁砧状或马鬃状。云底阴暗混乱，起伏明显，有时呈悬球状结构。

积雨云常产生雷暴、阵雨。有时产生飑或降冰雹。云底偶有龙卷产生。此外，还有凝结尾迹、夜光云等。凝结尾迹是指当喷气飞机在高空划过时所形成的细长而稀薄的云。夜光云则非常罕见，它形成于大气层的中间层，只能在高纬度地区看到。

看云朵识天气

最轻盈、站得最高的云，叫卷云。这种云很薄，阳光可以透过云层照到地面，房屋和树木的光与影依然很清晰。卷云丝丝缕缕地飘浮着，有时像一片白色的羽毛，有时像一缕洁白的绫纱。如果卷云成群成行地排列在空中，好像微风吹过水面引起的鳞波，这就成了卷积云。

卷云和卷积云都很高，那里水分少，它们一般不会带来雨雪。还有一种像棉花团似的白云，叫积云。它们常在2000米左右的天空，一朵朵分散着，映着灿烂的阳光，云块四周散发出金黄的光辉。

积云都在上午出现，午后最多，傍晚渐渐消散。在晴天，我们还会偶见一种高积云。高积云是成群的扁球状的云块，排列很匀称，云块间露出碧蓝的天幕，远远望去，就像草原上雪白的羊群。卷云、卷积云、积云和高积云，都是很美丽的。

当那连绵的雨雪将要来临的时候，卷云在聚集着，天空渐渐出现一层薄云，仿佛蒙上了白色的绸幕。这种云叫卷层云。卷层云慢慢地向前推进，天气就将转阴。

接着，云层会越来越低，越来越厚，隔了云看太阳或月亮，就像是隔了一层毛玻璃，朦胧不清。这时卷层云已经改名换姓，该叫它高层云了。出现了高层云，往往在几个小时内便要下雨或者下雪。

最后，云压得更低，变得更厚，太阳和月亮都躲藏了起来，天空被暗灰色的云块密密层层地布满了。这种云叫雨层云。雨层云一形成，连绵不断的雨雪也就降临了。

夏天，雷雨到来之前，在天空先会看到淡积云。淡积云如果迅速地向上凸起，形成高大的云山，群峰争奇，耸入天顶，就发展成浓积云。积雨云越长越高，云底慢慢变黑，云峰渐渐模糊，

不一会，整座云山崩塌了，乌云弥漫了天空，顷刻间，雷声隆隆，电光闪闪，马上就会“哗啦哗啦”地下起暴雨，有时竟会带来冰雹或者龙卷风。我们还可以根据云上的光彩现象，推测天气的情况。在太阳和月亮的周围，有时会出现一种美丽的七彩光圈，里层是红色的，外层是紫色的。这种光圈叫作晕。

日晕和月晕常常产生在卷层云上，卷层云后面的大片高层云和雨层云，是大风雨的征兆。所以有“日晕三更雨，月晕午时风”的说法。说明出现卷层云，并且伴有晕，天气就会变坏。

另有一种比晕小的彩色光环，叫作“华”。颜色的排列是里紫外红，跟晕刚好相反。日华和月华大多产生在高积云的边缘部分。华环由小变大，天气趋向晴好。华环由大变小，天气可能转为阴雨。夏天，雨过天晴，太阳对面的云幕上，常会挂上一条彩色的圆弧，这就是虹。人们常说：“东虹轰隆西虹雨。”意思是说，虹在东方，就有雷无雨；虹在西方，将有大雨。

还有一种云彩常出现在清晨或傍晚。太阳照到天空，使云层变成红色，这种云彩叫作霞。朝霞在西，表明阴雨天气在向我们进袭；晚霞在东，表示最近几天里天气晴朗。所以有“朝霞不出门，晚霞行千里”的谚语。

我还想知道

云吸收从地面散发的热量，并将其反射回地面，这有助于使地球保温。但是云同时也将太阳光直接反射回太空，这样便有降温作用。哪种作用占上风取决于云的形状和位置。

形状各异的闪电

树状的闪电

1989年8月27日4时，位于四川省南川县的金佛山，雷鸣、闪电、大雨交加。在金佛山南麓的金佛山水电厂的总指挥胡德厚一觉醒来，发现办公楼后面的玉林村后山坳异常明亮。

开始以为房子着火了，但仔细一看，光亮呈扇形，顶部仿佛一瓣一瓣的，特别像莲花，估计高约10多米。颜色白中略带红色，下部明亮，顶部较淡。光亮度比汽车车大灯还要强得多。但光亮朝天空散射，照射幅度不大，四周依然暗黑。

与此同时，还有一条带状云气轻纱似的飘于山间，高与光亮顶部相平。随着一声巨大的雷响，闪电中只见光亮中间好似一棵伞形的树，青枝绿叶，奇美异常。

目前这种奇怪的闪电还是一个谜。

留下图案的闪电

1996年6月17日，在法国的南方，有两名工人在棚子里面避雷雨。一个闪电出人意外地正打中他们避雨的地方，结果造成两人都倒在地上。闪电还使其中一个男子的皮鞋开了线，还撕破了他的裤子。

不过最引人注目的是另一情况：闪电仿佛是个技术高明的摄影师，它在死者的手臂上出色地拍下一张松树、杨树及这个人表带的照片。卡米尔·法兰马利昂在分析这一情况后提出一个设想，即死于闪电的人所停留过的棚子可能成了一个摄影室，闪电起了透视的作用。

不过这种设想无法解释，为什么拍摄时有如此奇特的选择性，因为拍下来的只有某些物象，而且仅仅取自四周的景观。同样，穿透衣服而取景拍照的现象也令人无法解释。

还有一种更为神奇的现象，那就是图像被印在皮下的状况。

例如，1812年在科姆布亥有6只羊在橡树和榛树林附近的野地上被闪电击毙。当人们剥下它们的毛皮时，在它们的身上，说得准确些是在它们的毛皮里面发现了四周部分景物的逼真图像。

片状闪电

这是一种比较常见的闪电形状。它看起来好像是在云面上有一片闪光。这种闪电可能是云后面看不见的火花放电的回光，或者是云内闪电被云滴遮挡而造成的漫射光，也可能是出现在云上部的一种丛集的或闪烁状的独立放电现象。

片状闪电经常是在云的强度已经减弱，降水趋于停止时出现的。它是一种较弱的放电现象。

球状闪电

虽说是一种十分罕见的闪电形状，却最引人注目。它像一团火球，有时还像一朵发光的盛开着的“绣球”菊花。它约有人头那么大，偶尔也有直径几米甚至几十米的。

球状闪电有时候在空中慢慢地转悠，有时候又完全不动地悬在空中。它有时候发出白光，有时候又发出像流星一样粉红色光。

球状闪电“喜欢”钻洞，有时候，它可从烟囱、窗户、门缝钻进屋内，在房子里转一圈后又溜走。球状闪电有时发出“嗞嗞”的声音，然后一声闷响而消失；有时又只发出微弱的“噼啪”声而不知不觉地消失。球状闪电消失以后，在空气中可能留

下一些有臭味的气烟，有点像臭氧的味道。球状闪电的生命史不长，大约为几秒钟至几分钟。

闪电形成的假说

对流云初始阶段的离子流假说。大气中总是存在着大量的正离子和负离子，在云中的水滴上，电荷分布是不均匀的：最外边的分子带负电，里层带正电，内层与外层的电位差约高0.25伏特。为了平衡这个电位差，水滴必须优先吸收大气中的负离子，这样就使水滴逐渐带上了负电荷。

当对流发展开始时，较轻的正离子逐渐被上升气流带到云的上部；而带负电的云滴因为比较重，就留在下部，造成了正负电荷的分离。

水滴因含有稀薄的盐分而起电。当云滴冻结时，冰的晶格中可以容纳负的氯离子，却排斥正的钠离子。

因此，水滴已冻结的部分就带负电，而未冻结的外表面则带正电。由水滴冻结而成的霰粒在下落过程中，摔掉表面还来不及冻结的水分，形成许多带正电的小云滴，而已冻结的核心部分则带负电。由于重力和气流的分选作用，带正电的小滴被带到云的上部，而带负电的霰粒则停留在云的中下部。

我还想知道

超级闪电是指那些威力比普通闪电大100多倍的稀有闪电，是在云层顶端发生的高空正电荷放电发光现象。普通闪电产生的电力约为10亿瓦特，而超级闪电的电力至少有1000亿瓦特。

陨石雨的未解之谜

波兰华沙陨石雨

1935年3月12日在波兰华沙的洛维茨西南曾出现过一次陨石雨，在9平方千米的地面上，找到58块陨石，一共重59千克，其中最重的一块陨石约10千克。

在法国蒙多邦城南郊的奥个格伊小村，1864年5月14日20时，天空忽然出现一颗比月球还大、周围发射火花的流星，向各方散出炽热的碎片，法国各地都有人看见。约5分钟后，人们听见雷霆般的响声，在村子附近，石头像雨点落下。村民拾取时，陨石还是烫的，有的人手指还被烫伤，草也被热气烤焦变黄。

科学家将一些表面熔融得像涂上黑漆般的陨石进行化学分析，知道这些陨石含有铁和镁的碳化物、磁性硫化铁和氢氯化氨等。

陨石里面是什么

1969年2月8日，在墨西哥阿仑德一带，下了一场规模不小的陨石雨，降落范围估计在260平方千米左右。

已收集到2000千克以上的陨石，其中最大的一块重约110千克，科学家通过对陨石的化学成分分析，发现里面含有钙、钡、钕稀有元素。这几种元素按照目前关于太阳系起源的原理，是很难形成的。

陨石里为什么会有这几种元素呢？于是有人联想到太阳伴星问题。在天文学上，人们习惯把较亮的那颗星叫主星，较暗的一颗叫伴星，人们把这样成双成对的星星称为双星，相对于双星的是单星，此外，还有聚星。在银河系里，双星、聚星占多数，单星很少，太阳就是其中的一颗。

陨石里的三种原素来自哪里

有人曾对此持怀疑态度，认为太阳有可能有伴星。1984年，美国加利福尼亚大学教授马勒和同事共同提出了太阳系伴星的假说。与此同时，美国路易斯安纳州的一位大学教授维持密利和密克逊等人也提出了同一假说。

他们认为，太阳还应与一个未发现的恒星组成双星系统，那颗伴星很可能是一颗暗弱的矮星，质量是太阳的1／10，大约每2600万年与太阳接近一次。

天文学家一直试图从距离较近的5000多颗恒星中寻找这颗伴星，但一直没有找到。科学家们通过对阿仑德陨石雨的研究，又为寻找太阳的伴星带来新的希望。

天文学家们的推测

根据阿仑德陨石雨，天文学家们曾作过这样的推测，大约在50亿年以前，太阳系还是一团气体和尘埃，离它很近的一颗恒星不知什么原因发生了大爆炸，把许多物质抛向了天空，其中就有

钙、钡、钕极为稀少的元素。其中一部分被抛入太阳星云，使太阳星云猛烈收缩，其核心部分形成了太阳，周边部分成了行星。

阿仑德陨石可能就是50亿年前爆炸的那颗恒星抛入空间的物质。太阳的这颗伴星与太阳的距离将比地球轨道远1000倍，约1500亿千米。

那么科学家为什么没有找到这颗伴星呢？有人认为它可能是一颗太暗的中子星，也可能是一个黑洞，所以人们很少见到它。

阿仑德陨石中的稀有元素到底来自何处，谜底还有待于科学家们进一步的探索。

我还想知道

较大的陨石在陨落过程中飞行，由于受到高温、高压的气流的冲击，会在半空发生爆裂。爆裂开的碎块会像雨点一样散落到地面，这种现象称为陨石雨。

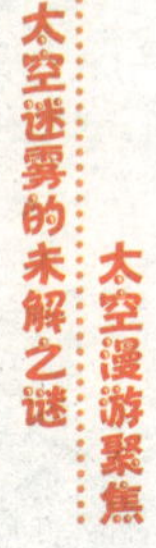

天使毛发之谜

天上为何会掉物呢

科学家福特的第一本著作《受诅咒者之书》是从天上掉下来的奇怪物体的讨论开始的。天上坠物也可能是他最喜欢谈的现象，他从科技刊物中收集到很多令人惊讶的有关天上坠物的报告：从雪花石膏到蠕虫，但更多的是青蛙、鱼和冰块，有时候它们在暴风雨或者阵雨天气掉下来，可有时候，它们也会在晴朗的天气里掉下来，这看起来非常神秘。

许多人只是模模糊糊地知道，曾有过奇怪落物的报道，但怀疑这些报道只不过是些奇谈怪论，不可能是真实的事件。没有哪

位真正研究过这些现象的人会持这同样的观点。人们无法争辩，许多东西的确像雨一样是从天上落下来的。

在福特的时代有这样的事，在今天仍然还有这样的事情发生，而且同样什么杂物都有，同样丰富无比。这个神秘现象不是天气，而是它们为什么会掉下来和怎样掉下来。

是飞机上掉下来的吗

有很多物品，人们以为是从飞机上掉下来的东西。落在巴恩斯的那条烤熟的比目鱼据说就是一种机上餐食，不过，机上人员在半空中抛食物下来的可能性是很小的，一般是堆在飞机上，直至降落后再抛掉。

落在克莱格络克哈特网球场的粪便，最开始有人认为是飞机上的厕所功能不正常落下来的，因为有好几种经鉴定的纯洁冰落在地上。这个解释好像会合理一些，因为爱丁堡至伯明翰的航班

当时正从头上经过，可是，对该机所有厕所的检查又排除了飞机出问题的可能性。

天上落下的天使毛发

多年前，天上落物当中最神秘的一件事就是天使毛发，是一种明显呈胶凝状的材料形成的细丝，它们从天上掉下来，跟地面接触以后就化解掉了。

它有时候会与飞碟联系在一起，记录在案的有很多例子，表明它实际上是飞碟排放出来的一种固体的废物。

1952年10月17日，在法国奥洛伦上空，人们看到很狭长的一

个圆柱，旁边还有约30个更小的物体。它们的后面都挂着天使毛发。很多落在地上，一些矮树林和电话线上还挂着一些，一直滞留了几个小时。

天使毛发是蜘蛛网吗

自20世纪50年代以来，关于天使毛发的报告越来越少了，也许一部分是因为在20世纪70年代UFO研究中心已经找到一些材料拿来进行分析。发现那些天使毛发只不过是一种蜘蛛网，可是，蜘蛛网本身也会有很神秘的特点。

它们有时候会以极不平常的数量堆在一起。比如，1988年10月4日夜里，在英吉利海峡上巡逻的海岸卫兵报告说，他们看到一个蜘蛛网云，估计约有7.7万平方米的面积。

在现代战场上，蜘蛛网还有凶险的含义。在波斯尼亚冲突中，有好几份报告说有一种“神秘的网样的物质”从塞尔维亚释放出来，一直飘到当地人的头上。

科学家们拿到了几份样品进行分析。在显微镜下，它们看上去好像是一种合成物，而不是天然的蜘蛛网。不过，塞尔维亚人释放出这种明显无害的物质的动机却仍然是一个让人们颇费心思的问题。

我还想知道

1859年2月，在南威尔士的阿什镇，大批淡水米诺鱼和鲫鱼从天上掉下来，盖住了一块地，约73米长，11米宽。1933年美国伍斯特城和马萨诸塞城分别落下大量冰冻的鸭子。

红色飞球从哪来的

神秘的红色飞球

1986年2月28日19时55分，俄罗斯远东小城达利涅戈尔斯克的居民们，曾经亲眼目睹了一场空中奇观：

一个从西南方向飞来的有点发红的飞球，横贯该城上空，陨落在市郊的一个叫“611高地”的山顶。它飞行时与地面平行，无声无息，而且不留任何痕迹。

离飞球最近的一个目击者当时正在汽车站等车。飞球从他头顶掠过。机械师坎达科夫说：“这个飞球的直径看上去约2米至3米，呈球形，既没有突出部分，也没有凹陷部分，其颜色恰似烧得有点发红的不锈钢。”

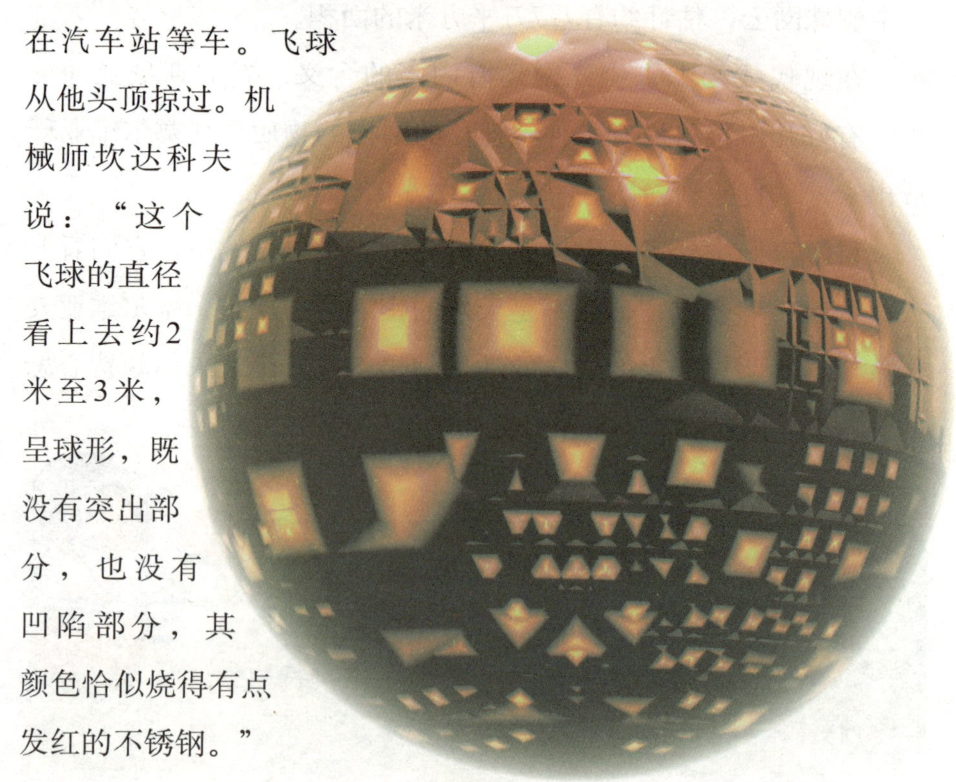

许多目击者都以为飞球落地时会发生爆炸，可出人意料的是：只有一个目击者听到轻微而低沉的撞击声。飞球陨落时将突出的悬崖撞碎一块，受撞击的岩石急剧变热发光，其光亮度与电焊时产生的弧光相似。

科学家的推断和假说

事发后，俄罗斯科学院远东分院派出一个科学家调查小组赶赴飞球陨落现场，进行了两昼夜的调查，并对天降飞球事件提出种种推断和假说。

有人认为，这是自然界中产生的一次极为罕见的球状闪电现象，但至少是一次线状闪电。还有人认为，它是一颗年久老化脱轨的人造卫星，掉入大气层烧毁后坠到地上。

另一些人推断，这也许是运载火箭与星体分离后坠入大气层

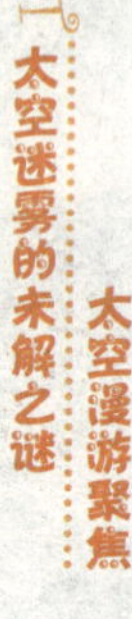

燃烧变成火球掉到地上的。但一些权威学者却倾向于这样一种观点：天降飞球很可能是外星智能生物失控的一个装置。

小铅粒的构造

详尽考察发现，现场散落着总重约0.07千克的铅合金球粒，它们被溅入散落在岩石碎块和附近的岩壁中，还有些铅粒被埋在灰烬和泥土里，小铅粒的直径为0.005米，大的可达0.003米至0.006米。这些铅粒中，有4颗呈边缘锋利的不规则六边形，重量最大的约0.002千克。大部分铅粒呈水珠状。

铅粒的成分复杂，许多铅粒是纯铅，而有些铅粒却含有许多杂质。化验鉴定表明，其中一颗含有 4 种至5种元素，而另一颗则由8种至17种元素组成，其中有稀土元素镧、锆、镨、铯、钼、钨……甚至还有钇，而大部分成分是碱，即钠和钾。

通过电子显微镜观察发现，几乎所有的小铅粒都具有通向其内部的小孔，这些小孔是否是人为的机械加工而成，长期以来一直是个谜。

网状物质是什么

在发现的第三种物质是网状物质。这是一种黑色发脆的类玻璃物质。俄罗斯的碳专家库里科夫惊叹道："这到底是何物？眼下真令人费解。它像碳素玻璃，但生成条件却尚不确知。它有可能是在普通火灾中生成的，但也可能是在超高温条件下的产物。"

科学家实验发现，网状物质经过液氮的沐浴后会被拉向磁铁一方，即表现出与玻璃陨石相似的磁特性，在常态下能生成绝缘

体，稍一加热可生成半导体，若在真空中加热则生成导体。

这种网状物质在真空中虽能耐受住3000度高温，可是，在空气中温度一旦达到8900摄氏度就会燃烧。它还含有金、银、镍、镧、镨、钠、钾、锌、铅、钇等元素。

最令人费解的是，对网状物质进行真空加热后，它内部原先所含的金、银和镍不但突然不翼而飞，而且又神奇般地出现了原先所没有的钼元素。

我还想知道

线状闪电，犹如枝杈丛生的一根树枝，蜿蜒曲折。线状闪电与其他闪电不同的地方是它有特别大的电流强度，平均可以达到几万安培，在少数情况下可达20万安培。

为什么会出现滚雷

闪电与滚雷

闪电是常见的自然现象，夏天暴风雨来临的时候，突然出现一道白光，紧接着就是“轰隆隆”的响声。闪电和响声，这是雷电的基本特征。在雷电发生的时候，还能看到它的形状，大多是“ㄅ”形，也有条状和片状，都是一闪而过，给人强烈的印象。

有一种奇特的闪电，总是飘飘忽忽，缓慢地移动，能持续几秒钟，民间称它为滚雷，科学家叫它是球状闪电。球状闪电是一个无声的火球，直径大多为0.1米至0.2米，消失的时候，可能有爆炸声，也可能无声无息。球状闪电不放白光，可能是红色、黄色，也可能是橙色，它有时会出现在高空，有时会出现在地面附近，甚至会穿过玻璃闯进建筑物，飘进密闭的飞机机舱。

球状闪电捣的鬼

1962年7月的一天，在著名的泰山上，一个球状闪电穿过紧闭的玻璃窗，钻进一间民房，缓慢地在室内飘动，最后钻进了烟囱，在烟囱口爆炸，只炸掉烟囱的一个角。民房内仅仅震倒一个热水瓶。

在欧洲，一个雷声隆隆的夜晚，有人看到一个黄色火球从树上滚下来，黄色变蓝色，蓝色变红色，越滚越大，落到地面，一声巨响，变成3道光，向3个方向飞去，其中一道击倒了一个人。

200多年前，俄国科学家里奇曼研究雷电，重复富兰克林的风筝实验，没料想一个球状闪电脱离避雷针，无声无息地飘在实验室内。这个只有拳头大的火球在靠近里奇曼脸部的时候突然爆炸。里奇曼立即倒地死去，脸上留下了一块红斑，有一只鞋打穿了两个洞。

球状闪电是怎么形成的

至目前为止，球状闪电是怎么形成的，还只能说“不知道”。曾经有科学家作过一些解释，但还没有统一的看法。

一种看法是美国科学家提出来的，他们在北美洲平原拍下了12万张闪电照片，得出一个看法：球状闪电是从常见的闪电末端分离出来，是一些等离子体凝结而成的。

另一种看法是苏联科学家提出来的。大气物理学家德米特里耶夫有一次巧遇，1956

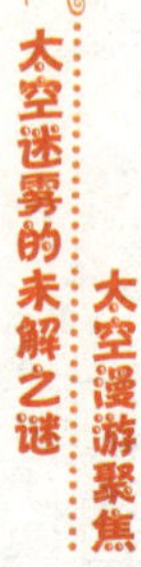

年，他在奥涅加河边度假。有一天傍晚，遇上了暴风雨和雷电，突然他看到一个淡红色的火球，在离地面一人高的地方朝着他滚来，火球边缘放出黄色、绿色和紫色的小火花，发出“噗噗”的声音。火球滚到他眼前，拐了个弯向上升起，滚到树丛中消失了。德米特里耶夫由于职业的敏感，立即采集了球状闪电经过的地方的空气，拿到实验室一分析，知道空气里的臭氧和二氧化碳增加了。

科学家的理论分析

于是，有些科学家就作了一些理论分析，估计球状闪电内部的温度达到1500度至2000度，在这样的温度下，空气中的氮的性质发生了变化。从不活泼变得活泼起来，并能与空气中的氧生成二氧化氮。同时，在2000度的高温下，也容易形成臭氧，臭氧很

不稳定，又分解开来并放出能量，空气的温度迅速上升，人们就看到了火球。

实验证明，二氧化氮和臭氧两种气体同时存在的时间，大约为14秒至2400秒。这种说法可以归结为空气中存在着发光气体。

还有两种看法是：等离子层内的微波辐射；空气和气体活动出现反常。

我还想知道

球状闪电的行走路线，一般是从高空直接下降，接近地面时突然改向作水平移动；有的突然在地面出现，弯曲前进；也有沿着地表滚动并迅速旋转的，运动速度常为每秒1米至2米。

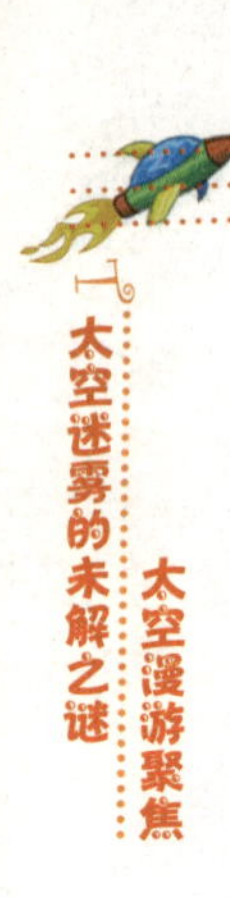

为何白天出现黑暗

白天变成了黑夜

在晴朗的日子里，阳光灿烂，可突然间就漆黑如黑夜一般，短时则几十分钟，长时则延续到黑夜。这既不是日食，也不是发生在龙卷风之前。虽然只是区域性的暂时情况，但这种现象在我国和世界许多地方都曾出现。

1944年秋天的一个下午，在我国班吉境内，晴朗的天空突然一片漆黑，伸手不见五指。人们惊慌失措，呼天喊地，一片混乱，觉得要天塌地陷了。

大约一个小时的工夫，又恢复了光明。阳光依旧照着，渐渐平静下来的人们，却对那奇异的时刻记忆犹新。

美国和英国的黑夜

美国新英格兰垦区，1980年5月19日早晨，人们和往常一样忙忙碌碌地去上班。10时，突然天黑地暗，好像进入了茫茫黑夜，每个人都惊恐万分。这种现象竟然持续到第二天黎明。

在英国的普雷斯顿，也曾经出现过白天里的黑暗。1884年4月26日，天空由灰变暗，天渐渐黑下来。约20分钟后才重又出现阳光。

据当时的人们回忆说，这种白天里出现黑暗的现象都是突然发生的，之前没有发现什么异常征兆，之后也没有发生其他异常情况。

科学家们的说法

为什么会出现这种天象呢？至今科学家们也都说法不一，有的说和火山爆发有关，有的说很可能与天外星球来客有关。天外来客从地球上空穿过，又悄悄而去，形成地球上某个地方的暂时黑暗。迄今为止，这种神秘的现象仍披着一层神秘的雾纱。

我还想知道

2006年4月1日13时10分左右，山东莱州飘洒着春雨的天空突然变成了黑夜，一时间，整个城市都笼罩在黑暗之中。直至15时30分，阵阵大风才把光明重还人间。

科学的探索

太空留给我们了太多的谜团，随着科学工作者的艰苦努力，一个一个的谜底已陆续解开，但仍有许多未知领域需要我们去研究、去探索，相信随着科学的不断进步，研究的不断深入，更多的谜底也会一一大白于天下。

太阳起源的学说

太阳起源的灾变学说

这个学说的首创者是法国的布封。20世纪前50年，有一些人相继提出太阳系起源于灾变。这个学说认为太阳是先形成的。在一个偶然的机会中，一颗恒星或彗星从太阳附近经过或撞到太阳上，它把太阳上的物质吸引出或撞出一部分。这部分物质后来就

形成了行星。

根据这个学说，行星物质和太阳物质应源于一体。它们有“血缘”关系，或者说太阳和行星是母子关系。他们都把太阳系起源归结为一次偶然撞击事件，而不是从演化的必然规律去进行客观的探讨，因为银河系中行星系是比较普遍的，太阳系绝不应是唯一的行星系。只有从演化的角度去探求才有普遍意义。

就撞击来说，小天体如果撞击到太阳上，它的质量大小，不可能把太阳上的物质撞出来，小天体必被太阳吞噬掉。

1994年彗星撞击木星就是极鲜明的例证。21块残骸对木星发起连续的攻击，在木星表面仅引起一点小小涟漪，被消化掉的是彗星。如果说恒星与太阳相撞，这种概率就更小了。因此，曾提出灾变学说的一些人，后来也自动放弃了原有的观点。

太阳起源的星云说

星云说首先由德国哲学家康德提出来，几十年以后，法国著名数学家拉普拉斯又独立提出了这一问题。他们认为，整个太阳系的物质都是由同一个原始星云形成的，星云的中心部分形成了太阳，星云的外围部分形成了行星。

然而康德和拉普拉斯也有着明显差别，康德认为太阳系是由冷的尘埃星云的进化性演变，先形成太阳，后形成行星。拉普拉斯则相反，认为原始星云是气态的，并且十分灼热，因其迅速旋转，先分离成圆环，圆环凝聚后形成行星，太阳的形成要比行星晚些。

尽管他们之间有这样大的差别，但是他们大前提是一致的，因此人们便把他们捏在一起，称“康德——拉普拉斯假说”。

太阳起源的俘获学说

这个学说认为太阳在星际空间运动中，遇到了一团星际物质。太阳靠自己的引力把这团星际物质捕获了。后来，这些物质在太阳引力作用下加速运动。类似在雪地里滚雪球一样，由小变大，逐渐形成了行星。

根据这个学说，太阳也是先形成的。但是，行星物质不是从太阳上分出来的，而是太阳捕获来的。它们与太阳物质没有“血缘”关系，只是“收养”关系。

尽管各种假说都有充分的观测、计算和理论根据，也都有致命的不足，所以一直也没有一种被普遍接受的假说。太阳系在等待着新的假说。

我还想知道

1942年，瑞典天体物理学家阿尔文提出了自己的星云假说。他认为，太阳先形成，行星和卫星则是由远处下落到太阳附近的弥漫物质形成的。

太阳温度的测量

根据太阳的辐射

我们平时所看到的太阳圆轮是太阳的表面，称为光球。光球外面是太阳大气，依次称为色球和日冕。色球和日冕平常看不到，只有在日全食时才能看到。太阳光球温度约为6000摄氏度，这是根据它的辐射计算出来的。

太阳每时每刻向宇宙空间不停地以光辐射的方式输送巨大的能量。科学工作者可以通过专门仪器测定出太阳的辐射量。但是，光知道太阳辐射量还不能确定太阳的温度，还必须知道物体的总辐射量与它的温度之间的关系。

1879年，物理学家斯特凡指出：物体的辐射量与它的温度的4次方成正比。这样，得到太阳辐射量以后，再根据这个关系式，就可以计算出太阳表面的温度了。计算的结果约为6000摄氏度。

根据太阳的颜色

另一种方法是根据太阳的颜色来估计它的温度。我们知道，一个物体被加热以后，它的颜色会不断变化，通常是：600摄氏度为深红色；1000摄氏度为鲜红色；1500摄氏度为玫瑰色；3000摄氏度为橙黄色；5000摄氏度为草黄色；6000摄氏度为黄白色；12000摄氏度至15000摄氏度为白色；25000摄氏度以上为蓝白色。

太阳的颜色是黄白色的，温度就约为6000摄氏度。我们平常看到的太阳是金黄色或其他颜色的，那是由于受了地球大气影响的缘故。

我还想知道

色球、日冕等离子体和可变磁场以及由不稳定性引起的冲击波之间的相互作用，会产生大量不同频率的射电辐射，为色球、日冕物理性质和爆发现象的研究提供重要信息。

太阳对地球的影响

太阳引起天气变化

谁都知道，太阳对地球气候的影响是由于地球绕太阳公转，同时又绕自身极轴自转而造成的，但太阳对地球的其他影响你知道吗？

19世纪时，著名天文学家赫歇尔曾经指出地球雨量多少与

太阳黑子有关。异常的降水或天气冷暖都与太阳黑子活动周期有关。

太阳引发地震

科学家玛莎·亚当斯提出了一个惊人的观点：太阳是引发地震的原因。她指出，当太阳产生耀斑时，温度高达2000万度，爆发能量相当于百万吨级的氢弹。

耀斑发射辐射能，电磁场携带高能粒子冲击地球，会使地壳的许多岩石产生受压放电和伸缩现象，使积聚着巨大能力的断层

发生共振，导致地壳板块发生断裂、错动或滑移，引发地震。但玛莎的观点还没有足够的统计资料来证明。

太阳风暴影响

太阳风暴会干扰地球的磁场，使地球磁场的强度发生明显的变动；它还会影响地球的高层大气，破坏地球电离层的结构，使其丧失反射无线电波的能力，造成我们的无线电通信中断；它还会影响大气臭氧层的化学变化，并逐层往下传递，直至地球表面，使地球的气候发生反常的变化，甚至还会进一步影响到地壳，引起火山爆发。

太阳影响创造活动

太阳活动除了影响地球生物节律变化外，有人指出，它还对人类的创造活动有着极大的影响。苏联科学家伊德利斯曾指出，

牛顿、库仑、法拉第等著名科学家一生有很多重要发现和发明，如果把他们的活动列表，就会发现一个周期，大小恰为11.1年，基本上和太阳活动周期等同。

有些人还列出一些艺术家的创造活动，如著名音乐家肖邦的两首钢琴协奏曲、门德尔松的《苏格兰交响曲》、贝里尼的《梦游者》等作品都是在1829年至1830年间完成的，而1830年正是太阳活动高峰期。

太阳影响神经系统

针对上述奇妙现象，一些科学家解释说，强烈的太阳活动对人的神经系统有影响，这是因为它影响地球的磁场而造成的。也有人认为，地球的土壤和岩石内存在一些放射性元素氡，它对人的影响很大。

当太阳活动剧烈时，特别是耀斑的爆发常使大气中放射性的氡含量增加，激发了人的创造力。但是，这种猜测受到了许多人的怀疑。

太阳对地球、对人类到底有哪些方面的影响，影响到什么程度，至今还无法解答，有待科学的进一步研究，一旦研究成功，将会给人类带来许多方便。

我还想知道

太阳耀斑：别看它只是一个亮点，一旦出现，简直是一次惊天动地的大爆发。这一增亮释放的能量相当于10万至100万次强火山爆发的总能量，或相当于上百亿枚百吨级氢弹的爆炸。

太阳与人类的关系

太阳系的王者

“万物生长靠太阳”，确实，太阳对我们这些以太阳系的一颗行星——地球为家的人类来说是太重要了，太熟悉了，太亲切了。它是太阳系的中心，在太阳系里它是“王者”，几乎主宰了太阳系里的一切。

然而在整个宇宙中它是那样的不起眼，整个宇宙中像银河系这样的星系，大约有1000亿个，而银河系中的恒星大约有1200亿颗或更多，太阳不过是其中十分普通的一员。同在银河系的牵牛星与织女星都比太阳大很多。

人类自有文明以来，不断地探索认识客观世界，太阳也不例外，开始是把它作为神来崇拜，我们中华民族的先民把自己的祖先炎帝尊为太阳神。以后认为天圆地方，再后认识到地球是一个圆球，但长时期中认为是宇宙的中心，从公元前到托勒密都主张地心说，直至16世纪哥白尼才创立了日心说，包括布鲁诺、伽利略都因此而受到教廷的残酷迫害。

当然以后证明太阳也不是宇宙的中心。但哥白尼等的贡献是伟大的，根本动摇了欧洲中世纪宗教神学的理论基础，恩格斯曾说：“从此自然科学便开始从神学中解放出来。”

太阳的功能

我们的太阳系，除太阳而外，有9颗行星，这些行星周围有几十颗卫星，有无数的小行星还有相当数量的彗星，太阳占了太阳系总质量的98%以上。

据研究，太阳形成于50亿年前，它的寿命还有50亿年，是指主序星阶段的结束，现在处于相对成熟稳定的阶段，有利于地球上生命的存在和发展。

宇宙中不同质量的恒星其演变历程也有所不同，像地球这样中等个头的恒星，现在属于黄矮星，几十亿年后将成为一颗红巨星，最终成为白矮星乃至“熄灭”，地球是太阳系的一员，应该是与太阳同呼吸共命运的。

太阳是一个巨大的核聚变反应堆，主要是氢聚变为氦，发出巨大的能量。以它的光芒照射着我们的地球，是地球能量的主要来源，我们所感受到的太阳的存在，是它的辐射。

太阳的辐射，主要是可见光，也有红外线和紫外线，可

见光占太阳辐射总量的50%，红外线占43%。紫外线只占能量的7%。据粗略估计，太阳每分钟向地球输送的热能大约是250亿亿卡，相当于燃烧4亿吨烟煤所产生的能量。

平均日地距离时，在地球大气层上界垂直于太阳辐射的单位表面积上所接受的太阳辐射能有每平方米1353瓦，这是相当可观的，到达地球表面的辐射能则因大气和尘埃的反射、折射有一定的衰减，并随纬度的不同而有差异。煤炭和石油则是通过生物的化石形式保存下来的亿万年以前的太阳能，风能、水力归根结底也是太阳能的转化形式。

太阳能的利用

生命起源需要能量，生命要维持和延续也需要能量。一定的

温度条件也是生物生存和延续所必需的，最低限度是水必须保持液态。太阳给我们带来温暖和光明，提供了必需的能量。如今对太阳能最主要的利用是通过植物的光合作用来实现的。有资料表明地球上的植物每年固定了3×10^{21}焦耳的太阳能，相当于人类全部能耗的10倍，合成近2000亿吨有机物。

对我们人类来说，通过光合作用不断产生的有机物是太阳的最基本的恩赐。太阳辐射还能帮助我们推动地球上物质的循环和流动。日光，即紫外线能杀灭许多有害的微生物，照射皮肤可以将摄入的一些营养成分转化为我们所必需的维生素D，帮助钙的吸收利用。

当今通过科学技术装备，人们扩大了对太阳能的直接或间接的利用。最简单的是太阳能热水器，再就是太阳能发电，用太阳能驱动车辆。日光被聚焦或能达到很高的温度，现在世界上最大的抛物面型反射聚光器有9层楼高，总面积2500平方米，焦点温度高达4000度，许多金属都可以被熔化。

在地球上的化石能源逐渐趋于枯竭，并污染严重的情况下，科学家对安置在地面或太空中的太阳能电站寄予很大的期望。由于在高空的静止轨道上每天可以有90%以上的时间受到阳光照射，并没有大气层的阻挡衰减，据计算每天每平方米能接收太阳能32kWh。

在20世纪70年代，美国国家航空和宇宙航行局和能源部曾提出了一个空间太阳电站方案，在静止轨道上部署60个发电能力各为500万千瓦的太阳能电站，可以基本上满足本国对电能的需

要。日本有一个计划，在若干年后将一颗发电能力为100万千瓦特的卫星，送上距离地球表面约3.6万千米的轨道。甚至还有科学家设想在月球上建立太阳能电站。

我国的西藏、青海等地区，日照比较强，近年来地面的太阳能发电装置发展较快。西藏平均海拔4000米，是世界上离太阳最近的地方，空气稀薄，透明度好、纬度低，年日照时数在3000小时左右，太阳能年辐射总量为每平方厘米185千卡以上，据测算西藏通过太阳能的开发利用年节能相当于12.7万吨标准煤。

太阳的危害

然而太阳对我们也不是有百利而无一弊的，相对稳定不等于不变，地球上许多地质和气象灾害都与太阳活动有关。

大范围来说地球的发展史上有过多次冰河期，每次冰河期地球气候变冷，甚至导致生物物种的大量灭绝，1万年前，最后一次冰河期结束，地球的气候才相对稳定在当前人类习以为常的状态。

小范围来说，约11.2年的太阳黑子周期，对地球的气候等方面有相当的影响。太阳风也是一种太阳辐射，它是带电粒子流。在太阳黑子、耀斑增多和日冕物质喷发时，会使太阳风大大增强，成为太阳风暴，引起大气电离层和地磁的变化，会严重干扰地球上无线电通讯及航天设备的正常工作，使卫星上的精密电子仪器遭受损害，地面电力控制网络发生混乱，甚至可能对航天飞机和空间站中宇航员的生命构成威胁。

2000年起，伴随着太阳黑子的增多，太阳活动又一次进入活跃期，2001年9月下旬太阳发生了一次强烈的X射线爆发和质子爆发，达到正常流量的1万倍，对跨越极地地区的短波通信、广播等会造成一定影响。2000年全球地震加剧与太阳风暴影响地球磁场有关。有的科学家把太阳风暴比喻为太阳打“喷嚏”，太阳一打“喷嚏”，地球往往会发“高烧”。

风是好东西，空气的流动可以使不同地区的空气组成趋向均一，可以减少温差，可以传播花粉等，但风灾，如龙卷风、台风、风暴潮往往造成生命财产的巨大损失。雨也是我们所不可或缺的，但是频繁的洪涝灾害，对人类正常的生产、生活破坏也是严重的。

全球气候变暖

人为的因素往往加剧自然灾害，除污染问题外，突出的是温室效应，大气层中日益增多的二氧化碳、甲烷等能阻挡地球热量的散发，如同温室的塑料薄膜。近年来全球的政府机构和科学家都十分关注全球气候变暖的问题，据观测从19世纪末开始全球平均气温上升了0.3～0.6度，而且正在不断加剧。大多数科学家认为主要原因是大量温室气体排放造成的温室效应。

20世纪的90年代，全球发生的重大气象灾害比50年代多5倍，因此遭受的年均经济损失也从60年代的40亿美元飚升至290亿美元。专家预言若不采取措施，在未来的100年中全球平均气温可能上升1.4～5.8度，这将使极端天气和气候事件更为频繁，严重威胁全球社会经济的可持续发展。

气候变暖将导致海平面升高。有一份以3000名科学家的调查为基

础撰写的报告，预言2010年后海平面将显著上升。首当其冲的是太平洋岛国图瓦卢，目前海水已经侵蚀了图瓦卢1%的土地，如果地球环境继续恶化，在50年之内，图瓦卢9个小岛将全部没入海中，在世界地图上将永远消失。

20世纪后由于人类活动等原因，地球上空的臭氧层变薄并出现空洞，太阳辐射中的紫外线，失去阻挡，大量到达地面，人类和生物将因此而受到过强紫外线的伤害。

合理利用太阳能

确实，我们人类没有能力改变宇宙演化规律，没有能力改变太阳这个庞然大物的生老病死和喜怒哀乐。有科学家设想的地球人口过多或在遥远的将来地球环境变得不适合人类居住的时候，可以向其他星球移民。即使可能实现，也只是不得已的措施。

在今天我们必须面对现实，必须进一步深入地研究太阳，更多地了解它的实际和运动规律，趋利避害，更好地利用它，例如在太阳能的利用方面应该还有许多可能，包括用生物技术改造藻类、植物的光合作用能力。与此同时采取措施规避它的危害，加强对太阳活动的观测，提高气象、地质灾害的预报水平；特别要减少温室气体的排放，保护和恢复臭氧层。

我还想知道

太阳给人们以光明和温暖，它带来了日夜和季节的轮回，左右着地球冷暖的变化，为地球生命提供了各种形式的能源。也正因此，太阳成为永恒的象征，在很多文学作品及歌曲中得到颂扬传唱。

日食形成的原因

日食奇观

有时候，太阳高悬在天空中，光芒四射，好端端的一个大白天，但是忽然太阳缺了一大半，变成了月牙形，甚至完全不见了。于是，天地间出现了夜色，星星也在眨眼。过一会儿，慢慢地太阳又出现了，一切都和平时一样，这是怎么回事呢？这就是发生了日食。

世界上公认的最早的日全食文字记录在《尚书·胤征》里。据该书记载：

> 夏朝仲康时代，当时掌管天文的羲和家族有个官员，因沉湎于饮酒，懈怠职守，没有预报即将发生的一次日食，而引起人们惊惶。国君仲康认为这是严重失职，便将羲和处死。科学家们推算，这是发生在公元前2037年10月21日的一次日全食。

关于日食的古老传说

在世界各国的一些古老传说里，都提到日食是怪物正在吞食太阳。古代斯堪的纳维亚人部族认为日食是天狼食日；越南人说那食日的大妖怪是只大青蛙；阿根廷人说那是只美洲虎；西伯利亚人说是个吸血僵尸；印度人则说是怪兽。

古埃及的太阳教徒相信，存在着一条可以吞食太阳神的蟒

蛇。另有些埃及传说记载，日食的发生是因为一只想在天庭称霸的秃鹰企图夺走太阳神的光芒。

印加人的神话中，有只能通过甩尾巴来呼风唤雨的猫，而日食和月食正是这只神猫发怒的表现。

墨西哥印第安人每见日食，女人都歇斯底里地惊叫，因为他们认为这是魔鬼即将降临世间吃掉人类的信号。

美国的奥吉布瓦印第安人在日食发生时会向天发射带火焰的箭，意图是“再度点燃”太阳。

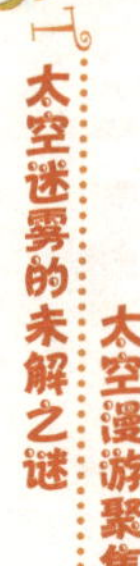

非洲的一些民族则认为，太阳和月亮本是一对恋人，他们追逐时就发生了日食。

古人对日食的解释

在古时候，人们由于不了解产生日食的原因，对日食的现象感到十分不解和神秘，以致日食的发生竟制止了一场旷日持久的战争。

在公元前585年，在爱琴海东岸，有一天，米迪斯人和吕底亚人正在交战，双方打得难分难解。忽然天空中的太阳不见了，战场顿时失去了平时的光明，天昏地暗。

双方的首领都十分惊恐，认为这是上天对他们的惩戒，于是，都一致同意放下武器，平心静气地订立了和平条约，结束了一场持续5年之久的战争。

据推算，这次日食发生在那年的5月28日。古人对日食的现

象还作了种种有趣的解释。比如：我国大多数地区传说是“天狗”吃掉了太阳。有的地区还传说是青蛙或豹子吃了太阳。因此，每当发生日食的时候，人们都要敲锣打鼓，鸣盆响罐，以吓跑天狗，营救太阳。

日食产生的原因

现在，科学家已弄清了日食产生的原因。我们知道，月球本身不会发光，因此，在太阳的照射下，在它的背面会有一条长长的影子。

当月球绕地球公转转到太阳和地球的中间时，这时太阳、月球和地球恰好处在一条直线上，从而使月球挡住了部分照到地球上的光线，或者说，月球的影子投射到地球上。这样，在月影扫过的地区，人们就会看到日全食。

日食在一年里一般会发生两次，有时也会发生3次，最多会发生5次，不过这是针对全地球而言，在地球上某个具体地方就很难碰到多次观日食的机会。

我还想知道

日食时，月球追上太阳。月球东边缘刚刚同太阳西边缘相接触时叫初亏，是日食的开始。生光后约一小时，月球西边缘和太阳东边缘相接触时叫复圆，从这时起月球完全脱离太阳，日食结束。

恒星起源的假说

恒星产生的两种假说

一种是超密说。它是由苏联著名天文学家阿姆巴楚米扬在1955年提出的“超密说”。他认为，恒星是由一种神秘的“星前物质”爆炸而形成的。具体地讲，这种星前物质体积非常小，密度非常大，但它的性质人们还不清楚。

与“超密说”不同的是“弥漫说”。其主旨是认为恒星是由低密度星际物质构成。它的渊源可以追溯至18世纪康德和拉普拉斯提出的“星云假说”。星际物质是一些非常稀薄的气体和细小的尘埃物质，它们在宇宙中各处构成了庞大的像云一样的集团。

星云是构成恒星的物质

从观测来看，星云分为两种：被附近恒星照亮的星云和暗星云。它们的形状有网状、面包圈状等，最有名的是猎户座的暗湾，其形状像一匹披散着鬃毛的黑马的马头，因此也叫马头星云，而美国作家阿西莫夫说它更像迪斯尼动画片中的大灰狼的头部和肩部。星云是构成恒星的物质，但真正构成恒星的物质非常大，构成太阳这样的恒星需要一个方圆900亿千米的星云团。

星云聚为恒星的过程

从星云聚为恒星分为快收缩阶段和慢收缩阶段。前者历经几十万年，后者历经数千万年。星云快收缩后最后形成一个星胚，这是一个又浓又黑的云团，中心为一密集核。此后进入慢收缩，也叫原恒星阶段。这时星胚温度不断升高，高到一定的程度就要闪烁身形以示其存在，并步入幼年阶段。但这时发光尚不稳定，仍被弥漫的星云物质所包围着，并向外界抛射物质。

恒星自身的演化

恒星演化开始于巨分子云。一个星系中大多数虚空的密度是每立方厘米大约0.1个至1个原子，但是巨分子云的密度是每立方厘米数百万个原子。一个巨分子云包含数十万至数千万个太阳质量，直径为50光年至300光年。

在巨分子云环绕星系旋转时，可能会造成它的引力坍缩。巨分子云可能互相冲撞，或者穿越旋臂的稠密部分。邻近的超新星爆发抛出的高速物质也可能是触发因素之一。最后，星系碰撞造成的星云压缩和扰动也可能形成大量恒星。

我还想知道

恒星都是气体星球。晴朗无月的夜晚，并且无光污染的地区，一般人用肉眼大约可以看到 6000多颗恒星。借助于望远镜，则可以看到几十万乃至几百万颗以上。

解释星系撞击

星际大撞击

1994年7月的“彗木之吻”使天文学家们目睹了一场天体大撞击的宇宙奇观和悲剧般后果。然而，这不过是在太阳系尺度上的一次普通天体撞击现象。

倘若两个对面飞驰而来的星系相撞，或彼此擦肩而过，那便是天体力学上一个惊人庞大的宇宙过程，要从头至尾观测完这一过程需花费几亿年时间，即便几十代天文学家的辛勤努力也恐怕难以胜任这一天文观测。

天文学家的观测

如今，天文学家还尚不知晓星系相撞的模拟实验是否跟实际上的天文观测相吻合。

20世纪70年代，美国天文学家借助安装在智利的天文望远镜研究确认，当宇宙中发生并非如此罕见的宇宙悲剧，即巨大星系相撞时，会导致这些相撞星系形状上的变化， 还会破坏新恒星的诞生过程。

美国天文学家基于大量观测认为，与中学现代天文学教科书中关于宇宙演化的概念恰恰相反，新诞生的一大批恒星比整个宇宙要年轻得多，但是，当初很少有人相信这一点。

1997年10月底，美国天文学家们借助修复后的“哈勃”太空望远镜拍摄了一张发生最大宇宙悲剧的照片，即触角星云中的两个大星系相撞发生一宇宙悲剧的地方距离我们6300万光年。这一震惊科学界的新发现，从而解开了历代各民族和天文学家自古留下的关于宇宙奥秘困惑不解的谜团。

模拟实验探奥秘

为了全面揭示和研究星系相撞导致的悲剧性后果，日本天文学家借助计算机和数学模拟系统，只用了几小时的时间就完成了一项星系碰撞模拟实验。

在实验现场显示出两个相撞后相互作用的星系之间出现的遥远异地的宇宙奇观：在对撞的两个星系之间出现光桥、光尾、纽带状和圆盘状星系的扭曲变形等现象。

但模拟计算并不能对相互作用星系的某些特性作出解释，比

如：两个星系相撞时的颜色为什么往往跟单个星系的颜色截然不同？两个星系较高的X射线亮度与什么有关？归根结底的问题是：为什么在数学模拟实验时总是不出现环状星系？这一点引起天文学家的关注。

数学模拟实验表明，在两个星系飞速接近时，这两个星系的气体云中的次星系并非像圆盘状星系中的次星系那样牵制着自己。这时，恒星就会在两个相互接近的星系之间形成纽带，或形成被强力展开的螺旋状分支物，气体云会形成环状结构，其半径小于恒星圆面的半径。邻近星系的影响会破坏气体云沿圆形轨道匀速运动，它们往往相互碰撞从而强化了恒星的诞生过程。

几亿年后，星系掠过最近点后，星系间引力的相互作用促进了恒星的形成过程，从而使恒星形成的强烈度达到极点，其恒星形成的速度是孤立星系中恒星形成正常速度的10倍。

为了能明确解释星际大撞击的原因，还需要科学家更深入的探索和研究。

我还想知道

1980年，美国、英国、荷兰合作发射的红外天文卫星首次探测到极亮红外星系的强烈红外辐射，天文学家估计，其是由于星系碰撞时，尘埃物质将碰撞中产生的新生恒星的光丛吸收并再辐射所致。

陨星坠落会伤人吗

陨星产生的影响

在行星的历史上，发生过巨陨星陨落导致地球灾变的事件。譬如，大约6000万年前，一颗质量为几十亿吨的陨星坠入地球，从而导致许多物种灭绝。与1908年发生的通古斯爆炸事件有关的一些全球性现象，更加说明了小彗星与地球相撞的事实。

极小陨星的陨落能对地球人类现实生活产生什么样的影响呢？这一问题是加拿大国家调查局天体物理学研究所的几位学者提出的。

陨星坠落的概率

研究人员在9年时间里，借助60部摄像机在加拿大西部进行了观测。积累的大量资料得以计算出陨星陨落的概率，即取决于陨星的质量。据此推测，陨星的总质量是摄像机所拍摄到的最大陨星残块的两倍多。

实际上，每年平均有大约39颗质量不小于在100克的陨星落入100万平方千米的陆地上，那么每年有大约5800颗陨星落入整个地球的陆区表面。

陨星落入人群或房屋的概率有多大呢？研究人员作出许多推断：若按每一个人占0.2平方米的面积计算，落到人身上的最小陨星残块的重量不超过几克。通常200克以上的陨星块才能击穿屋顶和天花板。

如果陨星的总重量为500克，那么5个残块中每一个都能击穿屋顶，但是，质量较小的陨星残块就不会导致这一后果。

陨星坠落事件

公元前3123年6月29日，一颗1600米长的陨星坠落在索达姆地区，导致数千人死亡，对100平方千米范围内造成破坏性打击。这次陨星碰撞相当于100万千克以上的TNT炸药爆炸，形成迄今世界上最大的山崩事件之一。

1954年11月30日，在美国亚拉巴马州的一个小城：一块重3900克的陨石残块击穿了屋顶和天花板，击伤了一名正在睡觉的妇女。由此可见，观测与计算是相符的，不过陨星陨落直接伤人的事件是极为罕见的。

陨星落到屋顶的事件也时有发生。最近20多年里，在美国和加拿大研究发现的新陨落的陨星事件中，只有7起事件造成房屋严重受损，受损的房屋通常都是楼房和汽车库的屋顶。另外两起事件由于陨星质量小未能损坏屋顶。

还有一颗重1300克的陨星击中一个邮箱，从而使它严重变形。如果考虑到一部分陨星坠落到公共设施和工业厂房的屋顶而不被注意，那么预测概率为：年均0.8次或20年间16次落到屋顶。所有这些均被观测所证实。

最大的陨星坠落场

一个由法国和埃及科学家组成的小组声称，他们在埃及发现了世界上最大的陨星坠落场地。据悉，借助了无数的卫星图像，该考察小组才在埃及与黎巴嫩边境交界地区找到了这个号称世界上最大的陨星坠落场。

在埃及新发现的世界最大陨星场内，有上百颗巨大的坠落的陨星石。该考察小组已经在这个场址进行挖掘，并且在13处有陨星坠落的地方开掘。

科学家们称，这些陨星雨的残余物是大概距今5000年之前撞击地球的，覆盖面积达5000平方千米。由于巨大的冲撞力，陨星石在坠落到地面时撞出了20米至1000米直径不等的坑。有的陨星石一直钻入地表下80米深的地方。

直至最近为止，阿根廷的陨星场一直被认为是世界上最大的，面积约为60平方千米。科学家在埃及的发现意义重大。

以前，人们所知的陨星场几乎都是由单个陨星残骸撞击地面所致，即陨星在进入了厚厚的大气层时，一块陨星石碎成了几块。但此次科学家们在埃及发现的陨星场有所不同，它不是单个而是由几个陨星石共同组成的。

科学家的结论

科学家在用外推法分析和研究了所获得的有关世界人口和各大陆的资料，进而得出一个结论：在世界50亿人口中，质量不小于100克的陨星陨落事件的概率为10年1人次。陨星击穿屋顶的概率也不过年均16座房屋。

我还想知道

陨星，自即空间降落于地球表面的大流星体。大约92.8% 的陨星的主要成分是二氧化硅，5.7% 是铁和镍，其他的陨石是这三种物质的混合物。含石量大的陨星称为陨石，含铁量大的陨星称为陨铁。

探秘太空中的引力体

哈勃流受到巨大扰动

1968年以来，国际天文研究小组的“七学士”，即天文学家费伯和他的同事们在观测椭圆星系时发现，哈勃星系流正在受到一个很大的扰动。所谓哈勃星系流就是指宇宙所表现出来的普遍膨胀运动，有时简称哈勃流。这是根据著名的哈勃定律、由观测星系位移现象所知晓的。

哈勃流受到巨大扰动这一现象说明，我们银河系南北两面数

千个星系除参与宇宙膨胀外，还以一定的速度奔向距离我们1.05亿光年的长蛇座——半人马座超星系团方向。

天文学家的研究

是什么天体具有如此大的吸引力呢？天文学家们经分析认为，在长蛇座一半人马座超星系团以外约5亿光年处，可能隐藏着一个非常巨大的“引力幽灵”——“大引力体”，或称“大吸引体”。有人用电子计算机作理论模拟显示，发现这个神秘的大引力体使我们的银河系大约以每秒170千米的速度向室女星系团中心运动。与此同时，我们周围的星系也正以每秒约1000千米的速度被拖向这个尚未看见的“大引力体”。有人推测，这个大引力体的直径约2.6亿光年，质量达3×10个太阳质量。

天文学家的争议

但是，也有人否定这个“引力幽灵”的存在。如伦敦大学的天文学家罗思·鲁宾逊和他的同事们，在仔细观察了1983年发的射国际红外天文卫星发回的2400张星系分布照片后断定，已观测到的星系团，比以前人们认识的要大得多，其宽度大约有一亿光年。这些庞大的星系团中存在着足够的物质，也足以产生拉拽银河系的引力，而不是什么别的“大引力体”。

我还想知道

万有引力是由于物体具有质量而在物体之间产生的一种相互作用。它的大小和物体的质量以及两个物体之间的距离有关。物体的质量越大，万有引力就越大；物体之间的距离越远，万有引力就越小。

图书在版编目（CIP）数据

太空迷雾的未解之谜：太空漫游聚焦 / 韩德复编著
. -- 北京：现代出版社，2014.5
ISBN 978-7-5143-2669-7

Ⅰ. ①太… Ⅱ. ①韩… Ⅲ. ①宇宙－普及读物 Ⅳ.
①P159-49

中国版本图书馆CIP数据核字(2014)第072337号

太空迷雾的未解之谜：太空漫游聚焦

作　　者：韩德复
责任编辑：王敬一
出版发行：现代出版社
通讯地址：北京市定安门外安华里504号
邮政编码：100011
电　　话：010-64267325 64245264（传真）
网　　址：www.1980xd.com
电子邮箱：xiandai@cnpitc.com.cn
印　　刷：汇昌印刷（天津）有限公司
开　　本：700mm×1000mm　1/16
印　　张：10
版　　次：2014年7月第1版　　2021年3月第3次印刷
书　　号：ISBN 978-7-5143-2669-7
定　　价：29.80元